海洋建築の計画・設計指針

Recommendation for
Planning and Design of Oceanic Architecture

日本建築学会

一般社団法人　日本建築学会

ご案内
本書の著作権・出版権は(一社)日本建築学会にあります．本書より著書・論文等への引用・転載にあたっては必ず本会の許諾を得てください．
Ⓡ〈学術著作権協会委託出版物〉
本書の無断複写は，著作権法上での例外を除き禁じられています．本書を複写される場合は，学術著作権協会（03-3475-5618）の許諾を受けてください．

一般社団法人　日本建築学会

序

　海洋建築委員会は，計画・構造・環境・材料施工の各分野が一体となった総合系の委員会であり，これまでに「海洋建築物構造設計指針（固定式）・同解説」(1985年)，「海洋建築物構造設計指針（浮遊式）・同解説」(1990年)，「海洋建築計画指針」(1988年)の3冊の計画・設計指針を出版してきた．しかし，その後の技術革新の進展と海を取り巻く環境問題への意識の高まりとともに，指針改定の要望が高まっていた．

　このため，2010年度から指針改定を目的として委員会体制を整え，内容を一新するとともに，従来の3冊の計画・設計指針を1冊に統合した「海洋建築の計画・設計指針」の出版に向けて舵を切った．2010年度は，海洋建築委員会傘下の小委員会を海洋建築フィールド小委員会，海洋建築デザイン小委員会，海洋建築エンジニアリング小委員会，海洋建築イノベーション小委員会の4委員会に再編成し，指針刊行ワーキンググループを立ち上げて具体的な目次案を作成し，指針作成における各小委員会の役割を明確にした．2011年度末には第1次原稿をまとめ，2012年度は第1次原稿における重複部分や不足部分の調整を行いつつ，第2次原稿を作成した．2013年度は第2次原稿を詳細に読み合い，必要に応じて担当小委員会にフィードバックしながら原稿を繰返し更新した．2014年度前半に脱稿し，査読を経て，このたび出版の運びとなった．折しも，2011年3月11日に東日本大震災が発生し，約2万人に及ぶ人的被害の90％以上が巨大津波によって引き起こされたことに衝撃を受けた本委員会は，計画・設計指針の出版に向けての作業を継続する傍ら，耐震工学の研究に比べれば大きく遅れをとっていた津波防災の分野における調査研究にも力を注いだ．この過程で蓄積された東日本大震災の教訓は，指針作成の過程の中で色濃く反映されている．

　本書は，「1章　総則」，「2章　海域特性」，「3章　計画」，「4章　設計」，「5章　管理」の全5章で構成されている．読者としては，海洋建築の設計全般にわたる基本的な事項を学びたい方，あるいは陸域の建築の設計に関してはある程度の専門的な知識を有しているものの海洋建築の設計には不慣れで，海域に建築物をつくる際にどのように考えどのようにアプローチすればよいかということを確認したい方を想定した．このため，記述はできるだけコンパクトであることを旨とし，すでに本会の他の委員会で十分知見の蓄積がある事項は，できるだけ重複を避けて積極的に参照することとし，海洋建築に特有な問題に絞り込んで全体をまとめた．「1章　総則」は，本書の目的と適用範囲を示し，新指針の全体像を要約した．「2章　海域特性」は，陸域とは異なる海洋環境において注意すべき点を明確にするために，海域特性の「リスク」と「ベネフィット」をキーワードとして記述した．「3章　計画」は，海域に建築物をつくるときの場所選定とその後の海洋建築システムの最適化という観点から，「サイト選定」と「システム選定」をキーワードとし，「サイト選定」は2章とのつながり，「システム選定」は4章とのつながりに留意して記述した．「4章　設計」は，具体的な設計に入るための指針として，海洋建築物が海洋空間に孤立した自律分散システムになることを念頭に，「構造システム」と「設備システム」の二本柱を立て，3章で記述された「システム選定」をいかに実体化していくかという方針で記述した．「5章　管理」は，施工管理，維持管理，改修・解体管理を扱っているが，あくまでも計画・設計の段階で考慮すべきことを整理するという観点で記述した．「2章　海域特性」は海洋建築フィールド小委員会，「3章　計画」は海洋建築デザイン小委員会，「4章　設計」と「5章　管理」は海洋建築エンジニアリング小委員会がそれぞれ担当した．

　わが国を取り巻く海域は広大であり，国内・国外の「繋ぎの空間」であるとともに「緩衝の空間」でもある．そこには豊かな食料資源，エネルギー資源や空間資源が眠っている．この海洋空間を上手に使う知恵がこれからの日本に求められている．本書がこのような観点から進められる海洋空間利用に少しでも役立つことができれば幸いである．

2015年2月

日本建築学会

指針作成関係委員 (2015年2月)

―(五十音順・敬称略)―

海洋建築委員会

委員長	遠藤 龍司			
幹　事	居駒 知樹	川上 善嗣	関　洋之	藤田 謙一
	増田 光一			
委　員	(略)			

海洋建築計画・設計指針刊行小委員会

主　査	松井 徹哉			
幹　事	川上 善嗣	藤田 謙一		
委　員	惠藤 浩朗	遠藤 龍司	岡田 智秀	川西 利昌
	後藤 剛史	近藤 典夫	桜井 慎一	関　洋之
	中西 三和	野口 憲一	濱本 卓司	横内 憲久
協力委員	藤澤 正視	前田 久明		

執筆担当

1章　　松井徹哉

2章　　2.1　濱本卓司　大塚清敏
　　　　2.2　川西利昌　後藤剛史
　　　　2.3　桜井慎一　畔柳昭雄
　　　　2.4　小林昭男　後藤剛史　　桜井慎一　川西利昌
　　　　2.5　濱本卓司　近藤典夫

3章　　3.1　関　洋之　惠藤浩朗
　　　　3.2　黒木正郎　濱本卓司　　後藤剛史　川西利昌
　　　　3.3　佐々木仁　井上昌士
　　　　3.4　荻原みき　濱本卓司
　　　　3.5　川上善嗣　井上昌士
　　　　3.6　横内憲久

4章　　4.1　中西三和　北嶋圭二　　濱本卓司　藤田謙一
　　　　　　植木卓也　中田善久　　松井徹哉　都祭弘幸
　　　　　　野口憲一　福住忠裕　　新宮清志　佐々木仁
　　　　4.2　後藤剛史　濱本卓司
　　　　4.3　大塚文和

5章　　5.1　野口憲一
　　　　5.2　川上善嗣　井上昌士
　　　　5.3　野口憲一
　　　　5.4　野口憲一　植木卓也　都祭弘幸

目　　次

1章　総　　則
1.1　全　　般 ··· 1
1.2　適用範囲 ··· 1
1.3　計　　画 ··· 2
1.4　設　　計 ··· 2
　1.4.1　構造設計 ·· 2
　1.4.2　設備設計 ·· 3
1.5　管　　理 ··· 4
　1.5.1　建　　設 ·· 4
　1.5.2　維持管理・検査 ·· 4
　1.5.3　解体撤去 ·· 4

2章　海域特性
2.1　海洋の理学特性と地理特性 ·· 5
　2.1.1　海水の物理特性 ·· 5
　2.1.2　流体力学特性 ·· 5
　2.1.3　海水の層状構造 ·· 7
　2.1.4　海水の変動性・流動性 ·· 8
　2.1.5　静　水　圧 ··· 8
　2.1.6　浮　　力 ·· 8
　2.1.7　動　水　圧 ··· 9
　2.1.8　光・音・電波などの海中伝播 ··· 9
　2.1.9　化学的作用（腐食） ·· 9
　2.1.10　天文学的作用（潮汐・慣性振動） ··· 9
　2.1.11　海象・気象 ··· 10
　2.1.12　地象（海洋性地震・津波・火山活動） ··· 10
　2.1.13　海流（暖流と寒流） ··· 11
　2.1.14　島・半島（海岸線） ··· 11
　2.1.15　海底地形・地質 ··· 11
　2.1.16　海洋生態系 ··· 11
2.2　生理的・心理的影響 ·· 12
　2.2.1　光の反射 ·· 12
　2.2.2　波　の　音 ··· 12
　2.2.3　潮のにおい ··· 12
　2.2.4　水　の　感　触 ··· 12
　2.2.5　開放感・孤立感 ··· 12
　2.2.6　波や風による揺れ ·· 13
2.3　空間特性 ·· 13
　2.3.1　広　大　性 ··· 13
　2.3.2　可　変　性 ··· 13
　2.3.3　余　裕　性 ··· 15
　2.3.4　鉛直展開性 ··· 16
　2.3.5　隔　離　性 ··· 16

- 2.4 常時リスク ··· 16
  - 2.4.1 潮風・塩害 ·· 16
  - 2.4.2 強　　風 ·· 17
  - 2.4.3 動　　揺 ·· 17
  - 2.4.4 温　度　差 ·· 18
  - 2.4.5 日射・紫外線 ·· 18
  - 2.4.6 高　湿　度 ·· 19
  - 2.4.7 潮　位　差 ·· 19
  - 2.4.8 潮流・拡散 ·· 19
  - 2.4.9 降雨・積雪・着氷 ·· 20
  - 2.4.10 放射性物質 ·· 20
- 2.5 非常時リスク ··· 20
  - 2.5.1 自 然 災 害 ·· 20
  - 2.5.2 人 為 災 害 ·· 24

3章 計　　画

- 3.1 計画の基本 ·· 27
  - 3.1.1 海域の特性と海洋建築の用途・機能 ··· 27
  - 3.1.2 計画の手順 ·· 30
  - 3.1.3 サイト選定 ·· 34
  - 3.1.4 システム選定 ·· 34
- 3.2 建 築 計 画 ·· 35
  - 3.2.1 海洋建築の構想 ··· 35
  - 3.2.2 海洋建築の計画の特徴 ··· 36
  - 3.2.3 環 境 計 画 ·· 38
  - 3.2.4 防 災 計 画 ·· 41
  - 3.2.5 セキュリティ計画 ·· 43
  - 3.2.6 医療・健康管理計画 ·· 43
- 3.3 構 造 計 画 ·· 44
  - 3.3.1 構造計画の手順 ··· 44
  - 3.3.2 サイト選定 ·· 45
  - 3.3.3 構造システム選定 ·· 47
  - 3.3.4 作用リスクと目標性能 ··· 50
- 3.4 設 備 計 画 ·· 52
  - 3.4.1 設備計画の基本 ··· 52
  - 3.4.2 設備システムの計画 ·· 54
- 3.5 維持管理計画 ··· 57
  - 3.5.1 維持管理計画の基本 ·· 57
  - 3.5.2 モニタリングと検査 ·· 57
  - 3.5.3 モニタリングの内容 ·· 58
- 3.6 法 制 度 ·· 59
  - 3.6.1 海洋建築に関わる主な法制度 ·· 59
  - 3.6.2 着底式に関わる主な法制度 ··· 65
  - 3.6.3 浮体式に関わる主な法制度 ··· 66
  - 3.6.4 水 域 占 用 ·· 68

4章 設　計

- 4.1 構造設計 ... 73
  - 4.1.1 構造設計の方針 ... 73
  - 4.1.2 設計用荷重 ... 76
  - 4.1.3 材　料 ... 86
  - 4.1.4 構造解析 ... 88
  - 4.1.5 部材設計 ... 103
  - 4.1.6 位置保持システム ... 106
- 4.2 設備設計 ... 110
  - 4.2.1 設備設計の基本 ... 110
  - 4.2.2 空気調和設備 ... 111
  - 4.2.3 給水・給湯設備 ... 112
  - 4.2.4 電気・照明設備 ... 112
  - 4.2.5 防火・防災設備 ... 114
  - 4.2.6 搬送設備 ... 115
  - 4.2.7 情報通信設備 ... 115
  - 4.2.8 廃棄物処理設備 ... 115
  - 4.2.9 その他の留意事項 ... 116
- 4.3 環境アセスメント ... 116

5章 管　理

- 5.1 建　設 ... 121
  - 5.1.1 建設の基本 ... 121
  - 5.1.2 建設時荷重 ... 121
  - 5.1.3 着底式の建設技術の確立 ... 122
  - 5.1.4 浮体式の建設技術の確立 ... 122
  - 5.1.5 要素技術の確立 ... 122
- 5.2 維持管理 ... 124
- 5.3 解体撤去・再利用 ... 125
  - 5.3.1 解体撤去 ... 125
  - 5.3.2 再利用 ... 125
- 5.4 実施例 ... 125
  - 5.4.1 コンクリートバッチャープラントバージ(着底式) ... 125
  - 5.4.2 Super CIDS(着底式) ... 127
  - 5.4.3 オホーツクタワー(着底式) ... 128
  - 5.4.4 C-BOAT 500(浮体式) ... 130
  - 5.4.5 みなとみらい21・海上旅客ターミナル(浮体式) ... 132

索　引 ... 137

1章 総　則

本章では，本指針の刊行意図，適用範囲，海洋建築の計画，設計，管理（建設，維持管理・検査，解体撤去）の基本的考え方，およびその他の指針全般に関わる共通事項をまとめる．

1.1 全　般

> 本指針は，海洋建築の計画および設計において，その用途・目的を達成するうえで必要な安全性および使用性（居住性，機能性）を確保するとともに，陸域や周辺海域環境との良好な関係を構築するために考慮すべき基本事項を示すものである．

本指針は，海洋空間利用を目的として海域（沿岸海域および沖合）に設置される建築を「海洋建築」と定義し，その計画および設計において考慮すべき基本事項を示すものである．

ここでいう「海洋建築」とは，狭義には物理的な実体として具現化された建築物を指し，広義にはさらにそれによって造られる空間，環境，機能，システムおよびそれらを創る行為をも含めて解釈するものとし，とくにハードな実体としての建築物に限定して述べる場合には，「海洋建築物」と記して区別することとする．なお，湖沼・河川の水域に設置される建築は本指針では対象としない．

本指針は，性能設計の立場から，安全性，使用性（居住性，機能性）といった個々の海洋建築としての性能に加え，陸域や周辺海域環境との関係を重視した内容構成となっている．従来，海洋建築に期待される役割としては，海上都市構想に代表されるように，不足する陸域スペースの代替，すなわちニューフロンティアの開発としての色合いが強かったが，ここでは人間活動の基盤はあくまでも既存陸域にあるとし，陸域の機能を補完する役割を海洋建築が果たすことによって，既存陸域システムの再生と活性化を図ろうとする「都市機能補完型海洋建築」の考え方[1-1]がその背景としてある．

1.2 適用範囲

> (1) 本指針は，わが国の主権および管轄権が及ぶ海域内における海洋建築の計画・設計に適用される．ただし，当該海域外であっても，本指針の適用が妥当であると認められ，かつそれが要請された場合には，本指針を適用して差し支えない．
> (2) 本指針は，海域に建設される着底式，浮体式およびそれらの組合せによる海洋建築物の計画・設計に適用される．
> (3) 本指針が適用できる海洋建築物の構造種別は，鋼構造，鉄筋コンクリート構造（プレストレストコンクリート構造を含む）およびそれらの組合せによる構造とする．ただし，特別な調査・研究に基づく場合には，木質構造，新素材などの積極的な採用を妨げない．
> (4) 本指針にとくに定めない事項については，原則として，本会の関連諸規準などに準拠するものとするが，必要に応じて，船舶工学，土木工学などの他分野の知見を参考にすることができる．

(1) 本指針の適用範囲は，海洋建築を取り巻く自然環境条件の特殊性および海域利用に関わる独自の法制度・社会的慣習などの存在を考慮して，わが国の主権および管轄権が及ぶ海域内の海洋建築とする[1-2]．ただし，当該海域外であっても，本指針の適用が妥当であると認められ，かつそれが要請された場合には，本指針を適用して差し支えないとし，国際貢献への門戸を開いておく．

(2) 本指針は，海洋建築物の代表的な構造形式である着底式，浮体式，およびそれらの組合せによる海洋建築物の計画・設計に適用される．既刊の構造設計指針では，着底式については許容応力度設計法[1-3]を，浮体式については限界状態設計法[1-4]を採用する二重構造になっていたのを改め，本指針では性能設計法の枠組の中で両者を統一する設計体系としている．

(3) 本指針が適用できる海洋建築物の構造種別は，建設実績と技術的蓄積のある鋼構造，鉄筋コンクリート構造（プレストレストコンクリート構造を含む）およびそれらの組合せによる構造とする．ただし，木質構造であっても，たとえば厳島神社に見るように，耐久性に優れかつ冗長性に富む海洋建築技術の伝統がわが国には残存するので，近年技術進歩の著しい新素材の利用などとともに，特別な調査・研究に基づく場合にはそれらの積極的な採用を妨げない

として，技術開発を奨励することとしている．
(4) 本会には，陸上建築を対象とした計画・設計の規準・指針類が豊富に用意されている．そのため，本指針にとくに規定のない陸上建築と共通する事項については，原則として本会の関連諸規準などに準拠するものとし，海洋建築に特有の事項については，必要に応じて，船舶工学，土木工学などの他分野の知見を参考にすることを推奨している．

1.3 計　　画

(1) 建築主が当該海洋建築に求める要求性能を相互の対話を通して把握する．
(2) 要求性能を用途と重要度を考慮して適切な設計パラメーターにより表示し，建築主との合意を得たうえで目標性能として設定する．
(3) 個々の建築物としての性能を満足させるとともに，陸域との相互補完関係や周辺海域環境への影響（環境アセスメント）にも配慮して計画する．
(4) 海域利用に関する既往の法制度（国際条約，国内法）および社会的慣習を遵守する．
(5) 陸域と異なる海域特有の要因にとくに配慮し，海域利用によって発生するリスクを最小化するとともに，それによって獲得できるベネフィット（便益）を最大化することを目標として，最適な海洋建築のサイト（設置海域）とシステム（構造システム・設備システム）を選定する．
(6) 陸域と海域とをつなぐ人・もの・エネルギー・情報の円滑な流れが確保されるように計画する．

　海洋建築の計画にあたっては，まず建築主の要求性能を相互の対話を通して把握することから始める．次に要求性能を，建築物の用途と重要度を考慮して適切な設計パラメーターにより表示し，設計の目標とする目標性能を建築主との合意のもとに設定する．

　計画にあたって留意すべき海域特有の事項として，以下のようなものがあげられる．

　海域は，理学特性・地理特性，空間特性，人間の生理・心理への影響面などにおいて陸域にはないさまざまな特性を有している．これらの多くは海洋建築物にリスクとして作用するが，一方でその特性を活用することによって，空間利用の面で陸域では得がたいベネフィットをもたらす可能性が潜在している．海洋建築物の建設に伴うリスクとしては，海域環境が建築物に与える作用リスクのほかに，建築物の存在が周辺海域環境に及ぼす影響リスクを考慮する必要があり，後者を評価するための環境アセスメントの役割が重要となってくる．計画にあたっては，これら2種類のリスクを最小化するとともに，海域利用によって獲得できるベネフィットを最大化することを目標として，最適な海洋建築のサイトとシステムを選定する．

　過酷な自然環境条件下に置かれる海洋建築においては，安全性の確保が第一義的に重要な構造計画上の課題となる．とくに材料劣化の急速な進行と繰返し永続的に作用する波浪による荷重は海域に特有の作用リスクであり，極大波浪時における部材レベル，システムレベルでの破壊のみならず，長期にわたる疲労損傷の累積や動揺による居住性の喪失も設計上の限界状態となりうる．構造計画にあたっては，このことに留意してサイト選定および構造システムの選定を行う．さらに設計上の想定レベルを超える荷重に対しても，ハード・ソフト両面からの対策を含め，人命の安全を確保できる計画とする．

　陸域から孤立した海洋建築にあっては，陸域と海域とをつなぐ人・もの・エネルギー・情報の流れをいかに制御するかが建築計画・設備計画上の要点となる．そのため，通常の建築としての機能・構成に加え，アクセス・避難ルート，エネルギー供給・排出系，情報系などのインフラストラクチャーを一体として計画する．常時においてはインフラフリー（陸域からの自立）を基本として計画し，自らの非常時に備え利用者の避難・脱出ルートを確保するとともに，広域災害時には陸域との相互機能補完をも視野に入れて対応する．

1.4 設　　計

1.4.1 構造設計

(1) 計画段階で設定した目標性能が確保されていることを適切な検証法を用いて検証する．
(2) 構造設計で検証の対象とする性能は次の4つとし，それぞれに対して発生頻度（再現期間）に応じた荷重と目標性能を設定する．

（ⅰ）居住性
　（ⅱ）機能性
　（ⅲ）部材安全性
　（ⅳ）システム安全性
(3) 目標性能に対する構造性能の検証は，解析，実験などの適切な検証法に基づいて行うものとし，建設時，使用時および解体撤去時に想定される荷重の組合せに対して性能を満足することを確認する．ただし，建設時および解体撤去時においては，状況に応じて，一部の性能の検証を省略することができる．
(4) (2)で設定した設計上の想定レベルを超える荷重に対しても，ハード・ソフト両面からの対策を含め，人命の安全を保証できる設計とする．
(5) 耐久性に関しては，計画使用年数をあらかじめ設定し，その期間中適切な維持管理を行うことを前提にした耐久設計を行う．

　本指針では，荷重の大きさをその発生頻度に応じて4レベル（荷重レベル0〜3）に区分し，それぞれに対して計画段階で設定した居住性，機能性，部材安全性およびシステム安全性に関わる目標性能が達成されていることを，適切な検証法を用いて検証することとしている．これは構造設計法の世界的趨勢である性能設計法の考え方を採り入れたものであり，本会の陸上建築物の構造設計諸規準や国内外の海洋施設に関する設計指針類もおおむねこの考え方を採用している．

　とくに海洋建築物の場合は，安全限界によって設計がほぼ決まる陸上建築物とは異なり，動揺に対する居住性が設計上の限界状態となることもあるため，本指針では居住性の検証に用いる荷重のレベルとしてレベル0を設定している．

　2011年の東日本大震災では，想定外の事態に対する備えの不足が被害を甚大なものとした．このことへの反省から，本指針では，設計上の想定レベルを超える荷重に対しても，ハード・ソフト両面からの対策を含め，人命の安全を保証できる設計を目指すことを要求している．

　なお，耐久性も海洋建築物としての成立には欠かせない性能の一つであるが，構造解析などによる検証法に馴染まないため，本指針では計画使用年数をあらかじめ設定し，その期間中適切な維持管理を行うことを前提とした耐久設計を行うこととし，構造設計の検証の対象からは除外している．

1.4.2 設備設計

(1) 設備設計で検討の対象とする性能は次の3つとし，建築物の用途・目的に応じてそれぞれの目標性能を設定する．
　（ⅰ）居住快適性，作業能率性
　（ⅱ）収容物品の保存性・防護性
　（ⅲ）周辺海域環境の保全性
(2) 設置海域における光・空気・温熱・音・振動（動揺）などの環境条件（環境刺激）に対して，(1)に掲げる性能が満足されるように，室内外の環境と設備システムを設計する．
(3) 環境刺激の設定にあたっては，陸域と異なる海域特有の環境因子に配慮する．
(4) 居住を目的とした海洋建築物には，陸域と同等の快適性を求めることを前提とし，陸上建築物に準じた室内環境基準を適用する．
(5) 風，波浪などによる動揺・振動への対応については，構造設計の枠組の中で検討する．

　海洋建築物にはその設置海域の自然環境条件に対応したさまざまな環境刺激が作用し，それらの中には質，量ともに陸域とは異なる特性を有する因子が多種存在する．設備システムの設計はこれらの環境刺激の作用リスクから，居住の快適性，作業の能率性や収容物品の保存性・防護性を確保するとともに，水質，地質，生態系をはじめとする周辺海域環境への影響リスクを最小化することを目標として行われる．設計にあたっては，光・空気・温熱・音・振動（動揺）などの多岐にわたる環境刺激の中で，海域特有の因子とそれへの対応策の検討にとくに配慮する．

　船舶設備規定などの船舶設備関係法令には，海洋気象を前提とした室内環境基準が定められており，これら先行分野の技術や配慮事項は海洋建築物の設計においても参考となる．一方，居住を目的とした海洋建築物には，陸域と同等の快適性を求めることが要求され，陸上建築物に準じた室内環境基準が適用される．

なお，風，波浪などによる動揺・振動への対応については，構造設計に依存する部分が大きいことから，本指針では構造設計の枠組の中で検討することとしている．

1.5 管　　理
1.5.1 建　　設

> (1) 設計において設定した性能が確保されるように適切な施工法を採用するとともに，建造中必要に応じて，および竣工時において，その性能が実現されていることを，材料検査，施工検査，竣工時検査などを実施して確認する．
> (2) 計画・設計の段階で施工計画を併せて立案し，施工法や作業環境条件が荷重条件や材質に及ぼす影響を検討し，設計にフィードバックさせる．

海洋建築物の場合は，海上・海中・海底での工事の困難さのため，ドライドックやフローティングドックであらかじめ製作しておいて，現場に曳航して設置するなどといった，陸上建築物とは異なった施工法がとられることが多い．そのため，計画・設計の段階で施工計画を併せて立案するとともに，施工法や作業環境条件が荷重条件や材質に及ぼす影響を検討し，設計にフィードバックさせる必要がある．

1.5.2 維持管理・検査

> 設計にて設定した計画使用年数に対して維持管理計画を策定し，目標性能が満足されていることを，所定の検査および必要に応じてモニタリング技術などを援用し監視する．

設計にて設定した計画使用年数に対して，目標性能が満足されていることを監視するため，維持管理計画が策定される．過酷な自然環境条件下に置かれる海洋建築物においては，維持管理はとくに重要であり，所定の検査のほかに，必要に応じてモニタリング技術などを援用して，竣工時の性能の確保に努める必要がある．予期せぬ事故や災害が発生した場合の非常時対応計画も，維持管理計画の一環として重要である．維持管理計画の良否はランニングコストにも影響するので，計画・設計の段階で併せて策定し，その内容を計画・設計にフィードバックさせることが必要である．

1.5.3 解体撤去

> 海洋建築の計画にあたっては，地球環境負荷低減および廃棄物削減の観点から，使用後の解体撤去計画を含めて立案するものとする．

海洋建築物はそのライフサイクルを通して大量の資源とエネルギーを消費し，解体撤去時には多量の廃棄物を排出し，周辺海域環境汚染の原因ともなる．したがって，その計画にあたっては，地球環境負荷低減および廃棄物削減の観点から，使用後の解体撤去計画，あるいは再利用計画を含めて立案することが求められる．

参考文献

1-1) 松井徹哉，登坂宣好，横内憲久，濱本卓司，野口憲一，桜井慎一，増田光一，小林昭男：都市再生のための海洋空間利用―「都市機能補完型海洋建築」の提案―，第18回海洋工学シンポジウム，OES4，東京海洋大学，2005
1-2) 日本建築学会：海洋建築計画指針，1988
1-3) 日本建築学会：海洋建築物構造設計指針（固定式）・同解説，1985
1-4) 日本建築学会：海洋建築物構造設計指針（浮遊式）・同解説，1990

2章 海域特性

海域には陸域にはない，あるいは陸域とは大きく異なるさまざまな特性が存在し，それらは海洋建築にとってベネフィット（便益）にもなる反面，リスク（危険要因）としても作用するので，これらに対する正しい理解が必要である．本章では，海洋建築が立地する海域の特性を，理学特性・地理特性，生理的・心理的影響および空間特性の3つの観点から整理し，海洋建築物にかかわるさまざまなリスク（作用リスク，環境リスク）を，常時リスクと非常時リスクに分類して記述する．

2.1 海洋の理学特性と地理特性

2.1.1 海水の物理特性

> 海水の物理的な性質は，主に温度，圧力，密度，塩分濃度により特徴づけられる．海水は蒸発，凝結，凍結，融解など相変化する．塩分を含むため，真水に対して沸点の上昇や凝固点の降下を示し，溶液としての性質をもつ．海水の組成の大部分は水であるため比熱が大きく，海域の温度変化は季節変化も日変化も陸域に比べると小さい．

海水の物理的性質は，温度，圧力，密度，塩分濃度で特徴づけられる．これら4つの変数のうち独立なものは3つで，残りはそれら3つの値が決まれば一意的に定まる．そうした海水の状態を表す方程式は状態方程式とよばれ，密度 ρ を従属変数，圧力 p，温度 T，塩分濃度 S を独立変数とすると状態方程式は一般に次式で表せる．

$$\rho = \rho(p,T,S) \tag{2.1}$$

p，T，S の微小変化 dp，dT，dS に対する密度変化は

$$\frac{d\rho}{\rho} = Kdp - edT + bdS \tag{2.2}$$

となる．ここに，

$$K \equiv \frac{1}{\rho}\left(\frac{\partial \rho}{\partial p}\right)_{T,S}, \quad e \equiv -\frac{1}{\rho}\left(\frac{\partial \rho}{\partial T}\right)_{S,p}, \quad b \equiv \frac{1}{\rho}\left(\frac{\partial \rho}{\partial S}\right)_{T,p} \tag{2.3}$$

は，それぞれ圧力，温度，塩分濃度の増加に対する密度の増加率である．これから，海水の密度は，圧力が大きいほど，温度が低いほど，塩分量が多いほど大きいことになる．海水の密度は主に温度と塩分濃度との両方で決まるため，温度が高い海水が必ずしも軽いとはいえない．海洋では，塩分量が少なく，水温が高い海面付近の海水の密度が最小で 1.02g/cm³ 程度である．一方，最大の密度は海溝の底で観測され，1.07g/cm³ 程度である．浮力による海水の熱的な対流を考えるときは，温度と塩分濃度の両方を考慮に入れる必要がある．

海水の相変化は顕著な体積変化を伴い力学作用も大きくなる．海水の結氷温度は，塩分の作用により真水の 0℃ より低く約 -1.8℃ である．氷海域での海水の凍結は海中の物体を破壊するほどの強さがある．海氷は凍結（結氷）過程で塩分を選択的に排除するため，海氷は海水よりも塩分濃度が低い．塩分の排出は結氷後もわずかずつ継続するため，結氷からの経過時間が長いほど塩分濃度は低くなる．このため，海での遭難の際，海水は飲用できないものの海氷は摂取可能といわれている．海氷が塩分を排出するため，海氷の直下の海水には高塩水（ブライン）が排出され，付近の塩分はやや高濃度になりやすい．

海水の塩分濃度は海上の気象条件や地理的な要因の影響を受ける．そのため，濃度は空間的にも時間的にも一様ではない．地球の海洋全体で平均された塩分濃度は約 3.5% である．乾燥気候地域などのように海面からの海水の蒸発が盛んな海域では塩分濃度は高くなる．逆に大きな河川の河口付近や強い降雨域では塩分濃度は低くなる．また，水分の蒸発により海面付近では一般に塩分濃度はやや高くなっている．海水は陸面を構成する岩石や土壌などと比べると熱容量（温度変化に対する慣性）が大きく，さらに与えられた熱的な作用に対して凝固，融解，蒸発などの相変化に伴い潜熱を通じて熱交換を行うため温度変化が小さい．このため，近隣の陸の影響を強く受けない限り，海上の気温の日変化および年変化は同一緯度の陸よりも小さくなる．

2.1.2 流体力学特性

> 海洋建築物の計画・設計においては，建築物を取り巻く海水が流体であることにより生じる波と流れの力学特性を理解することがきわめて重要である．

海水は海上を吹く風，月・太陽などの天体の引力（潮汐力という）をはじめ，さまざまな外力の影響によって常に何らかの運動状態にある．海水の運動は，主に風波やうねりなどの波，海流や潮流といった流れである．頻度が少ないが海洋建築物に大きな影響を与える運動としては，地震や海底地すべりなどによる津波がある．海洋建築物にはこれらが力学的な作用（流体力）を及ぼすことになる．このように，海水の運動には波と流れがあるため，海洋建築物に作用する海水の流体力も波による流体力と流れによる流体力との両方を考える必要がある．

海水は次のようないくつかの側面をもつ．海水は，海面という自由表面をもつ流体であり，海面より下は「2.1.3 海水の層状構造」で示すような温度（密度）による成層構造をしている．海水には大気とは異なり，陸という物理的な境界がある．そのため，その空間的な存在範囲は水平方向に有限である．海水の運動を引き起こす外力としては，天体の引力（潮汐力），台風や低気圧などの気象擾乱による海面気圧の昇降（高潮・気象潮），風による摩擦応力が代表的である．自転する地球上にあることによる転向力（コリオリ力）も働く．日射の吸収や赤外放射冷却，海水と大気との間の大気乱流による熱交換など，海面における加熱・冷却作用の海域による違いに起因した温度差に対応する圧力傾度力も，熱的原因の海水の循環運動を引き起こす原因となる．熱的原因の循環は温度の不均一性を緩和するように生じる．

波や海流の主たる原因は海上風であり，それぞれ風波，風成海流といわれる．風波も風成海流も駆動原因は風と海面との間の速度差による摩擦力である．摩擦力は海面に作用する応力であるため，風波や風成海流に伴った水の運動は一般には，ごく浅い海域を除いて，海面からの深さとともに急速に減少する．日本周辺での風成海流の代表である黒潮も主たる流れは深さ数百メートルまでである．これに対し，津波は地震などによる海底の昇降がそのまま海水に伝わることで（海水が地盤昇降の分だけ位置エネルギーを得ている）起こるため，津波に伴う海水の運動は海面から海底までの全深さに及ぶ．また，天体の引力（潮汐力）は実体力として海面から海底までのすべての海水に作用するので，潮流も海の全深さにわたる流れである．台風や発達した低気圧による高潮も同様である．水の運動の及ぶ深さという意味では，潮流や高潮，津波は類似点があるといえる．

海水は密度成層をした流体であるので，等密度面の波動現象である内部波も発生する．水深とともに密度が急変するようなところでは，海上の強風などの影響が境界面に伝わり，密度差の境界面に内部波が発生することがある．これらの波や流れは，海岸線の形や水深の分布，地理的な位置，気象条件などによって，著しい地域性が出ることがある．例えば黒潮のような海流の周囲には，海水の質量保存を満足するために，程度の差はあれ，何らかの補償的な流れが伴い，流れや波の特徴の地域性を作り出す要因の一つである．

海洋の波の多くは，主たる復元力が重力である横波である．復元力に基づく呼称では重力波に分類される．海面が静穏なときのいわゆるさざ波は，復元力として表面張力の影響が大きく出るため，表面張力波ともいわれる．海水には圧縮性があるため，粗密波（音波）も伝播できる．したがって，地震のP波（粗密波または縦波）は海水中も伝播し，強いものは海震として船舶や海洋建築物に衝撃力を与えることがある．

風波の生成の原因となる気象現象には台風や低気圧などの移動性の気象擾乱または持続性のある季節風などがある．風波の特性は海上風の風速，風の継続時間（吹送時間），風が海岸から沖に向かって吹く場合の海岸からの距離（吹送距離）などに依存する．風波は，多様な波長の波（成分波）の重ね合わせであるといえる．風の継続時間が十分に長く，陸による波の反射などの影響がほとんど無視できるような沖での風波は，十分に発達した波といわれる．十分に発達した波は，風から海水への運動エネルギーの供給と，砕波や海水の粘性による波の運動エネルギーの散逸とがほぼ釣り合った状態にあるといえ，そうした波のスペクトルなどの性質はよく研究されている．しかし，海岸近くでは，陸によって反射された波が重なり合い，さらに海岸線の複雑さによる波の反射の複雑さが加わる．そこでは，波は不規則波としての様相を呈する．波の反射を起こすものには，港湾の防波堤などの人工物ももちろん含まれる．

風波は台風や低気圧の風の直接的な影響範囲から，数千キロメートル以上遠く離れた海域まで伝播する．こうした波はうねりといわれ，海上の風が止んでいる海域にも伝播する．日本列島周辺では，太平洋側の沿岸域が南方の台風によるうねりの影響を受ける．一方，日本海側については，日本海は，いわばユーラシア大陸と日本列島に囲まれた内海であるため，うねりの影響は小さい．

海水の運動のうち流れの代表的なものは海流であり，太平洋の黒潮や大西洋のメキシコ湾流は代表的な風成海流である．これらの海流は，低緯度地域での貿易風，中緯度地域の偏西風の海面における摩擦力が主たる駆動源であり，地球自転のコリオリ力，低緯度地域と中緯度地域の海水温の差などがそれらの流れ方（流路や速さ）を特徴づけてい

る．日本列島周辺では，代表的な海流は，太平洋岸の黒潮，対馬海峡から日本海にいたる対馬海流，北海道から東北地方太平洋岸に沿って南下する親潮がある．

天体の引力の作用による水の移動（潮汐）に伴う流れが潮流である．潮流は天体の動きに起因するので，その発生時間や強さはかなり正確に予測できる．風成海流や風波による水の運動は海面近くの浅い範囲に限られるが，潮流は津波と同じく海底まで水の流れがある．海底地形によっては流れが集中し，潮流の流速は1m/sを越える程度に速くなる．例えば，太平洋と瀬戸内海との境にあたる鳴門海峡や明石海峡などは，強い潮流が起こる海域の一つである．

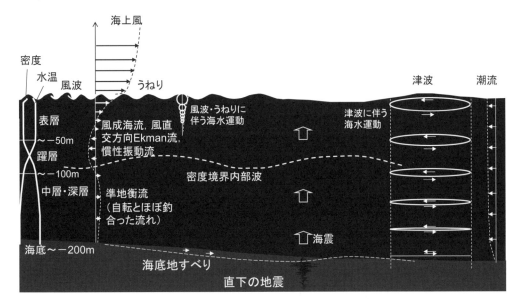

図2.1　海水の流体力学特性

2.1.3　海水の層状構造

> 海水も大気と同様に重力の作用を受け，重いものが下に軽いものが上に積み上がった成層流体になっている．このため，多くの海域は海面から深さ数十〜数百メートルまでの表層（混合層）とその下の中層・深層で構成されている．大局的には温度が高く相対的に軽い混合層がその下の冷たく重い海水の上に載る2層構造をしている．

海水は鉛直方向には大まかに3つの層に分けられる．浅い方から深い方へ順に，表層，主躍層，深層である．表層はふつう200mより浅く，大気との間の熱や運動量の交換，日射の吸収などに応じて水温が季節変化する層である．主躍層は，表層の下にあり海水密度が急激に変化する層である．深層は密度や温度などの物理量の鉛直方向（水深）の変化が弱い層である．

海洋の主たる熱供給源は海面における日射の吸収である．そのため，海水温はほとんどの場合，海面付近が最も高く，深さとともに下がってゆく．「2.1.1 海水の物理特性」でも示したように，海水温の高い海面付近は海水の密度が小さいので，海洋全体として成層構造は安定している．海水は風などの力学的な攪拌作用や，極域など寒冷気候帯における海面の強い冷却などの成層の不安定化を起こす要因がない場合，海水の上下の混合は起こりにくい．

表層は海洋の最も表面に近い，海面から深さ数十〜百メートルくらいの範囲にあり，海上風など大気からの力学作用によって海水がかき混ぜられている．そのため，海水温は深さ方向にあまり変化しない．表層とその下の海水との間には，一般に温度や密度に大きな差がある．

その状況を反映し，表層の下端付近には，比較的狭い範囲で温度や塩分濃度が大きく変化する温度躍層や塩分躍層などといわれる部分がある．この部分は密度の変化層でもある．こうした躍層を境に海水の物性や運動の特性が少なからず変わる．気象状況などによっては，この躍層で海水の内部波（境界波）が起こることがある．こうした構造は海流の影響を受けて変化する．

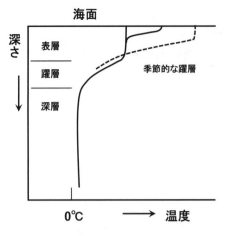

図 2.2 海水の温度分布

2.1.4 海水の変動性・流動性

> 液体の最大の特徴は気体と同様に形状が容易に変化することである．この海水の変動性のため，いったん海水に何らかの外乱作用が及ぶと容易に変形し，大きな力や激しい運動が生じやすい．また，流動性があるため，溶存したり懸濁したりしている物質が発生場所から他の場所や深い場所へと拡散しやすい．

海水は液体であり，固体に比べて分子間結合が緩いため，外乱による変形や移動が容易に生じる．この海水の変動性・流動性により，海域の自然環境は陸域に比べて厳しい状況になりやすい．しかし，この変動性・流動性を上手に利用することにより，陸域では得られない自由な可動性，展開性，交換性などを構造体に付与することも可能になる．

外乱の作用域から周辺への力学的影響（エネルギー）の伝播は，波や流れといった形で行われる．原子力発電所からの放射性物質の漏洩や石油掘削リグやタンカーからの石油の漏洩などによる海洋汚染は長期間をかけて広域に拡散し，人類や生態系に深刻な問題を引き起こす．

2.1.5 静水圧

> 液体と気体はともに流体であるが，液体の密度は気体に比べてはるかに大きく，発生する流体力も大きくなる．とくに静水圧の影響は大きく，海面から 10m 下がるごとに約 1 気圧の割合で上昇する．

流体内部の圧力には静水圧と動水圧の 2 種類がある．静水圧は流体が静止した状態でも作用し続ける圧力で，動水圧は水粒子の運動があることで生じる圧力である．

静水圧は海面から着目する深さまでの間の海水の重さであるため，密度が一様で水面が平坦な場合は，静水圧は水深のみで決まる．実際の海水は深さ方向に密度変化する成層構造をしているので，静水圧は厳密にはそうした密度変化の影響を積算して求める必要がある．ただし，海水の密度変化は非常に小さいので，静水圧は海面からの深さのみで決まるとして扱って差支えのないことが多い．

静水圧は，海洋建築物の建設において，きわめて重要な圧力である．海深く潜れば潜るほど高圧力に対する対策が大きな問題になる．海洋建築物の海中部分は，大きな静水圧に耐える構造が要求される．また，大水深における高圧環境下での作業の困難性を考えると，海中作業におけるロボット技術の導入は不可欠である．

波立っているなどして海面に凹凸があるときは，海面より下にあり，かつ，海底から同じ高さにある 2 つの点を想定した場合，海面の凹凸に相当する静水圧の差が生まれる．こうした静水圧の差，すなわち静水圧勾配は水の流れを生み出し，また，海洋建築物にも静水圧勾配力として作用する．波に伴う水の運動は静水圧の勾配によっている部分が少なくない．

2.1.6 浮力

> 浮力は，静水圧の鉛直方向合力である．重力は陸域か海域かにかかわらず常時作用しているが，海水中では重力とは逆向きの浮力が作用する．物体に作用する浮力が重力より大きいと浮き上がり，重力が浮力よりも大きいと沈む．バラストを用いることにより，重力と浮力のバランスを制御することができる．

バラストを用いて重力と浮力のバランスを制御することにより，海面，海中，海底のすべての海洋空間を立体的に利用することができる．逆に，重力と浮力のバランスを失うと，海面や海中に浮く物体は転覆や沈没などの致命的な事態に至り，海底に着底する物体も転倒や滑動などの安定性の喪失に至ることがある．

2.1.7 動水圧

海域で波や流れが生じると，海水の水粒子の運動や移動が生じ，動水圧が発生する．波や流れは気象や地象などの外乱によっても生じるし，海水中における物体の運動によっても生じる．

水中の動水圧 p_D は，海水の密度を ρ，流速を U とすると次式で表せる．

$$p_D = \frac{1}{2}\rho U^2 \tag{2.4}$$

水中にある物体に作用する力は，流れに対する物体の投影面積 A と形状によって決まる．形状の影響を表す係数（抗力係数）を C_D とすると，流体中の物体に働く動水圧による流体力 F_D は，次式で表せる．

$$F_D = \frac{1}{2}C_D A \rho U^2 \tag{2.5}$$

外乱の種類やスケールに応じて，動水圧の大きさ，水深方向または水平方向の分布形，周波数特性などは大きく異なる．物体の運動に伴い物体表面に作用する動水圧は，物体の加速度と同位相の付加質量と速度に同位相の付加減衰（造波減衰とも呼ばれる）として評価することができる．

2.1.8 光・音・電波などの海中伝播

太陽光は，水深が深くなるにつれて急速に吸収され，深海は暗黒の世界になる．音は水中を大気中よりも高速で伝播し，大気中に比べて効率よく遠方まで伝わる．電波は海上では遠方まで届くが，海中では数メートルの伝播でほとんどのエネルギーが失われる．

海水は，水分子の双極子振動により光を吸収する．このとき，主に赤色光を吸収するため海の色は青くなる．海水中にはさまざまな大きさや形の微粒子や微生物が浮遊しており，これらが光をさらに吸収する．葉緑素をもつ生物は光合成も行っている．10m以深ではすべてが青く見え，70m以深では地上の0.1％しか光が届かず，200m以深では色彩が消えて灰色となり，深海は暗黒の世界となる．

音は海中を粗密波として伝播し，その速度は約1,500m/secである．大気中に比べて減衰せず効率よく遠方まで伝わる．このため，指向性をもたせた超音波を使って水中通信装置（ソナー），魚群探知機（測深機）など海域における情報機器に幅広く利用されている．ただし，海上で発せられた音は，空気と水の固有インピーダンスが著しく異なるため，海面で反射されて水中にはほとんど伝わらない．

電波は大気中を高速で広範囲に伝播するが，海中ではほとんど伝播しない．このため，海中での無線通信は難しく，海底ケーブルや光ファイバーなどの有線通信が用いられる．

2.1.9 化学的作用（腐食）

海水は平均して約3.5％の塩分を含んでいる．塩分は電解質であるため，海水に接する材料の腐食が進行しやすい．

塩分は，水中で解離してイオンの状態にあるので電気伝導性がよい．このため，波を直接かぶる飛沫帯で最も腐食しやすく，次に海中部分でも腐食が進行する．また，波の砕波の際に生じる微細水滴（飛沫）の蒸発により塩分粒子が空中を飛散するため海上部も腐食しやすい．

2.1.10 天文学的作用（潮汐・慣性振動）

月の引力により生じる海面の上下運動が潮汐であり，それによる海水の移動が潮流である．水深が浅い沿岸域では潮汐や潮流の影響が大きくなりやすい．一方，地球の自転により，日本付近の緯度では約2日周期で海水が水平面内円運動する慣性振動を生じる．沖合では慣性振動による海水の移動範囲が大きくなる．

重力（地球による引力）および月や太陽などの引力に対して，海水は忠実に応答する．地球の重力場の非一様性や天体とその運動により海底から海面までの高さ（水深）は時間的にも空間的にも常に変動している．遠浅海岸では，

陸域と海域の境界（渚）が大きく変動し，広島県宮島やフランス・モンサンミッシェルのようなダイナミックな景観を提供する．

洋上に浮かべた観測ブイなどは，慣性振動により明瞭な円運動を描く．沿岸では陸の束縛があるため，運動の範囲は限定的になるが，沖合では相当距離移動する可能性がある．

2.1.11　海象・気象

> 日本列島は，南・東側で広大な外洋である太平洋，西側で日本列島と大陸に挟まれた日本海と東シナ海，北側でオホーツク海に面しており，さらに内海として瀬戸内海を抱えている．日本列島は南北に長く，亜寒帯，温帯，亜熱帯の3つの気候帯にまたがっているため，周辺海域には台風と低気圧の両方が襲来する．

海象と気象の空間的・時間的変化の大きい日本列島周辺の海域においては，海象と気象がもたらすリスクに対して以下のような配慮が必要になる．

・日本の南方海上（フィリピン海）は世界で最も海面水温が高い海域であり，日本の海域は直接的（襲来）・間接的（うねり）に台風の影響を受けやすい．

・日本は，赤道から極域にかけての中間的な緯度に位置しているため気温の南北勾配が大きく，温帯低気圧が発達しながら通過しやすい．とくにユーラシア大陸の寒気と南方の暖気が接する位置にあり，突風，竜巻，雷などの激しい大気現象が生じやすい．

・オホーツク海では冬季に海氷が発生し，北海道のオホーツク海沿岸には流氷が漂流してくる．年によっては北海道東部の太平洋沿岸に流れ出てくることがある．

・海と陸との間の温度差は陸と海との間に局地的な空気の対流（海風・陸風）を引き起こす．沿岸海域では海風・陸風の影響を受けやすい．

・海と大気という密度がきわめて大きく異なる媒質の境界面である海面付近は，波浪，強風，吹送流などの力学作用が大きく働きやすい．

2.1.12　地象（海洋性地震・津波・火山活動）

> 日本列島を取り巻く海域は，大陸プレートであるユーラシアプレートと北アメリカプレート，海洋プレートである太平洋プレートとフィリピン海プレートの収束的な交差域にあり造山活動が盛んである．このため，地震，火山，およびそれに関連した津波や地滑りなどが多発する海域となっている．

日本列島とその周辺海域は世界で最も活動の激しい変動帯に属しており，地象がもたらすリスクに対して以下のような配慮が必要になる．

日本列島周辺の海域は，太平洋，日本海ともにプレートの境界が存在し，いずれの海域でもプレート境界での大きな地震とそれに伴う津波の脅威にさらされている．日本海側は海岸近くに活断層があることが多く，プレート境界以外の地震でも津波の被害が生じている例がある．最近では西日本のユーラシアプレート内の海底活断層や，プレート境界での枝分かれ断層などの存在が徐々に明らかになってきた．海震は，地震による海底の震動が水中の音波（疎密波）として伝わってくるものであるが，日本列島周辺海域ではいずれの場所でも起こりうるといえる．

環太平洋火山帯・地震帯が太平洋を取り巻いているため，遠方の大地震による津波（遠地地震津波）の影響を受けることがある．

日本は地質学的には島弧と呼ばれ，さまざまな地質学的な特徴をもっている．伊豆半島から伊豆諸島を連ねた線および北海道から本州を経て九州に至る日本列島中央の脊梁部を連ねた線に沿うように，火山フロントが存在している．こうした火山の分布は，沈み込む海洋プレートと関連がある．太平洋側では富士山や海底噴火の危険もある伊豆諸島周辺において，また，日本海側では北海道南西沖の大島や鳥海山など沿岸部に活火山があり，要注意箇所がある．

偏西風が卓越するため，活火山の東側に位置する海域では降灰の影響も考慮しておくことが望ましい．

最近，海底火山やプレート境界の海溝近くは，海底資源が豊富な場所として注目が高まっている．

2.1.13 海流（暖流と寒流）

> 日本周辺海域は，太平洋を列島に沿って北上する日本海流（黒潮）とその分枝が日本海に入り込んだ対馬海流，北海道東方沖から東北地方の太平洋側を列島に沿って南下する千島海流（親潮）が流れ，房総半島東方沖には黒潮と親潮の間の境界（フロント）が存在する．海流は年により季節により変動している．寒流と暖流との境界は海産資源の豊かな場所であるが，一方で海面温度差の大きな場所であるため気象擾乱が発達しやすい．

北海道から東北地方の太平洋側は寒流の親潮が南下し，関東から西日本の太平洋側は暖流の黒潮が東進するなど海域による変化が大きい．このため，日本列島周辺の海域は多種多様な魚類，貝類，海藻類の宝庫であり，豊かな食文化を生み出している．

銚子沖の太平洋の黒潮と親潮の接する海域では，本州に沿って西から東進して来た低気圧が急速に発達することがあり，台風並みのしけ（時化）の状態になりやすい．

2.1.14 島・半島（海岸線）

> 日本列島は有人島・無人島合わせて約6,900の島からなる群島である．陸域と海域の境界を形成する海岸線は複雑で長く，その総延長は約35,000kmに及ぶ．このため，海岸沿いの気候風土や景観の多様性が顕著に見られる．

日本の海岸線は長く，国土の面積が25倍ある米国の海岸線の1.5倍もある．九州と台湾の面積はほぼ同じであるが，海岸線の長さは九州が台湾の3倍もある．変化に富む複雑な海岸形状は日本三景などの優れた景観を提供する．

複雑な海岸線は，外洋からのうねりや波・高潮の作用を分散させ全体としては弱める働きがあり，天然の良港を提供する．一方，津波に対しては沿岸に波を捕捉することで長時間にわたり繰り返し押し寄せ，沖合から迂回して来る波が干渉し，波高や流れの乱れを大幅に増加させることがある．

海峡では潮汐による流れが集中する場所ができやすく，自然エネルギーの開発に有利な場合がある．

2.1.15 海底地形・地質

> 沿岸海域の海底地形・地質は陸域の地形・地質との関係が強い．沈降海岸ではリアス式海岸のように海底は急に深くなるが，隆起海岸では砂浜や干潟のように緩やかに深くなる．沖合の海底地形は，緩勾配の大陸棚と急峻な陸棚斜面を経て深海の平坦な大洋底に至る．陸域との関係は薄れ，地質は火山源堆積物や海水源堆積物が多くなる．

沿岸海域の海底は陸域から連続的につながっているため，陸域の地形・地質との関係が強い．沿岸海域の土質は，岩石，礫，砂，泥土などの陸源堆積物やサンゴなどの生物起源物質で構成されている．陸域からある程度離れると，海底の表層はほぼ砂あるいは泥である．大陸棚や陸棚斜面は大陸プレートの端部に位置し，大洋底は海洋プレート上に形成される．大陸棚や陸棚斜面の土質は，陸源堆積物の砂泥や生物起源堆積物の泥であり，大洋底では火山源堆積物の泥や海水源堆積物のマンガンやリン酸塩の団塊である．大陸プレートと海洋プレートの境界は海溝あるいはトラフとなっており，メタンハイドレートなどのエネルギー資源の開発が期待されている．

2.1.16 海洋生態系

> 海域は哺乳類，鳥類，魚類，貝類，海藻類などを含む海洋生物の生活圏であり，豊かな生態系を形成している．貝類や海藻類は岩や人工物に付着したり，海底の砂や泥に穴を掘って定着したりして生育している．干潟や浅瀬などの埋立ては海棲生物の生育環境を奪うことになる．沿岸域で赤潮や青潮が発生すると，貝類や魚類が大量に死滅する．

干潟や浅場を確保し，漁礁やカニ護岸を設置することにより，海棲生物との共生を積極的に図りたい．赤潮は，小さな植物性プランクトンが異常発生して海水が赤色化する現象である．陸域から海域に流れ込む排水に窒素やリンが大量に含まれていると，これを好む植物性プランクトンが異常発生し，海水が酸欠状態となって多くの魚類が死んでしまう．青潮は，プランクトンが死んで海底に沈み，分解して強い毒性をもつ硫化水素になったときに台風などの強風が吹き，海水が攪乱されて海面に上がってきて青色化する現象である．これも大量の魚類や貝類の死滅をもたらすとともに，人間の活動が原因となって引き起こす海洋汚染である．

海棲生物の生活圏に人間が入っていくことにより，結果的に海棲生物が人間の活動にとってリスク要因になることがある．護岸や桟橋で見られるような貝類の付着が生じ，長期的には荷重の増加，排水孔や換気孔などの閉塞などを引き起こすことがある．海鳥の集合・営巣，糞害，伝染病の媒介といった鳥害も想定される．

2.2 生理的・心理的影響
2.2.1 光の反射

> 海は視界として広遠で，開放感がある．波の動きや，砕け散る様子，潮の干満，水中の生物の動きなどは海ならではの景観である．海面反射光は日没近くなると赤みがかり快適な景観をつくりだす．一方では，太陽高度によりグレアを発生して視界を妨げる．

海は視界として広遠で，かつ緑色・青色であり，目に優しく開放感を味わえる．その中で海面反射光は太陽高度が高いときは高輝度のためグレアが発生し周辺の景色が見づらいだけでなく，船舶・岩礁が見えず危険を伴うことがある．色つき眼鏡をかけて高輝度を防ぐ．一方，太陽高度が低いときの海面反射光（サングリッタ）は輝度も低く赤みを帯び，快適感を味わえる[2-1]．海の夕焼けを観光資源とする地方もある．

海面から光が入るとき反射や屈折があり，さらに水面が揺れているので，海面から海中の，また海中から海面上の地物を見るとき歪み，漂うように見える．この状態は水中探査などで精確な地物の認識を妨げる．

2.2.2 波の音

> 適度な波浪の音は，海のイメージを膨らませる要素になる．また，波浪から生じる超音波は，快適性を増すこともある．波浪・流れ・風が発する音が大きいと，恐怖感を与える．

波浪音や波浪音に含まれる超音波は，快適性を増すとした研究がある[2-2),2-3)]．波浪音の到達距離は海岸形状などにより異なる．大きな波浪衝撃音は，恐怖感を与える．海は周囲に遮るものがないため風が強く，波だけでなく風による音も発生しやすい．また潮流など急な流れは音を発生する．

2.2.3 潮のにおい

> 海岸では潮の香りを感じることができる．また，水質の低下や泥・動植物の腐敗による異臭もある．

海岸に近づくと潮の香りがし，海に来たという感じを強める．磯の香りという表現もあるように海岸の匂いは好ましいものとして定着している．一方，海岸にある泥や動植物の腐敗や水質の低下による水面から異臭もあり，そのような場合は立ち去りたくなる．嗅覚，味覚，聴覚は，視覚に比較して長期間印象に残る．

2.2.4 水の感触

> 海水浴は気持ちがよい．また，全身水を浴びなくても手や足を水につけるだけでも心地よい．波打ち際は足触りがよいため，素足で歩きたくなる．

夏季になり水温が上昇すると老若男女を問わず，海水浴へ行き，水浴を楽しむ．水の浮力を利用して体を浮かせ，手足を動かすことは多くの人々の楽しみである．

夏季海浜の砂は，日射によって暖められ，素足では歩けない温度になる．夏季には暑すぎて無理であるが，適度な温度になると，砂は素足で歩きたくなるような快適な足触りがある．

2.2.5 開放感・孤立感

> 海洋には開放感があると同時に，陸と離れた空間に居住することに，孤立感や不安感などがある．安心して作業・居住するには，心理的，生理的な配慮も必要である．一方，海の資質を生かしたタラソテラピー（海洋療法）やサングリッタ（海面反射光）などもあり，積極的に活用することも考える．

タラソテラピーは海辺で潮風や日光を浴び，新鮮な海水，海藻などを利用して人間の本来もつ自然治癒力を活かしながら心身機能や病気を治す療法である[2-4)]．波浪音に含まれる超音波も積極的に利用している．

夕暮れに海面に発生するサングリッタは，海の景観として好まれている[2-1)]．

海洋は労働の場として厳しい環境下にあるため，石油掘削リグ勤務の一例として4週間海上勤務，4週間陸上休暇などがある．

2.2.6 波や風による揺れ

> 海域においては，陸域と異なる風の特性に加え，波に起因する振動，動揺への配慮は生理心理面でも欠かせない因子となる．

　海面は，一時として静止していることはない．気象の穏やかなときは，それなりに穏やかな動きになる．ひとたび台風などに見舞われると，荒れ狂う波となる．波の発生原因については，「2.4.3 動揺」において触れる．

　波や風に対する建築物の揺れが穏やかなうちは，居住者にとっては海洋建築物としての環境条件の中でも快適な刺激として享受できる．こうした揺れは，われわれが母の胎内にいた際の羊水に浸されて揺られていた体験につながるといわれている．いわゆる羊水の保護による柔らかい揺れによる安心感などであろう．母親が乳飲み子を腕に抱きあるいは背負い揺らしながら寝かしつけるのも，こうした胎内環境としての揺れに関連しており，自覚はないながらも幼児にとっての安心感から眠りにつくものとされている．

　陸上では居住空間は動かないという暗黙の前提があり，また，つくる側もそれを要件としている．しかし，車両や船舶などは動くのが当然と認知されていて，全く揺れや振動を感じないとむしろ奇異な印象に陥り，いわゆる「らしさ」が欠如してしまうことになる．したがって，波の上のこうした穏やかな揺れは，清風や海原の景観と相まって，海洋建築の「らしさ」としての爽快さや快適さを誘引する要素となる．穏やかな揺れとはそれに曝される人々が行為や行動に何ら影響を受けない範囲である．こうした範囲では人々は安全であるという暗黙の了解があり，安心感を損なうことがない．

　日常生活においても，快適感を得る要素として振動を利用することがしばしばある．ロッキングチェア，ハンモック，ローリングマシンなどの家具類，ブランコ，シーソー，遊動円木などの遊戯具類である．これらは，利用する人の制御範囲において用いるとき，好奇や快適感につながるものの，自らの制御を大きく超えた範囲では，快適性は保持されなくなる．

　荒天になっても海洋建築物は一時避難するという対策がとれないので，ある程度の時間は波に暴露されることになる．揺れは個人で制御できない状態に置かれる．こうした状態に至ると，個人差によるところも大きいが動揺病を発症することがある．揺れが増すと，生活行為や行動に支障を及ぼすようになる．さらにひどくなると不安になり，対策によっては危険な状態に陥ることもありうる．

2.3 空間特性
2.3.1 広 大 性

> 都心部近傍では得にくい平坦で広大な空間を確保しやすい．この特性を利用することで，都市で不足しがちな交通施設，公園緑地，スポーツ・レクリエーション施設などの大規模公共施設の建設が可能となり，都市問題の解決にも貢献する．

　地価が高く，区画が細分化され，権利関係が複雑に入り組んだ既成市街地の中で，土地を集約して大規模な公共空間を設けることは大きな困難を伴う．それに対して，海域を活用すれば，きわめて広大で平坦な空間を確保できる．都市の拡大に伴って必要度は増大する反面，その確保が難しくなる大空間を比較的都心に近い場所に設けることのできる利点は大きい．実際，この特性を活かして，海上空港，湾岸高速道路，横断道路，海上公園，テーマパーク，国際展示場，スポーツ施設などが建設され，都市問題の解決と都市の活性化に貢献している．

　とくに平坦な地形が大きく広がっていることは，他では得がたい特性であり，例えば，自転車交通や高齢者や身障者にとっても自力での移動がしやすいため，サイクリング道路や歩行者専用道を整備するなどの省エネ型まちづくりを実践しやすい．

2.3.2 可 変 性

> 既存施設が手狭になったり，需要に応じて拡張・増築する場合，既存市街地の中では地続きの隣接地を買い増して空間を拡大することは困難である．それに対して，周囲のいずれかに海面のある海洋建築物では，それが比較的容易に実現できる．海域の特性や必要性に応じて，着底式や浮体式など，いくつかの構造形式の中から，適性にあった方式や規模を選択できるのも利点である．

　空間の拡張性の有無が大きく影響するのは，空港のような広大な敷地を要する大規模施設の場合に顕著である．内

陸に位置し，3,000m と 1,800m の 2 本の平行滑走路しかない大阪国際空港（伊丹空港）は，1939 年の開港以来，敷地を拡大することはできなかったため 4,000m 級が必要な超大型機に対応できず，周辺住宅地に対する騒音被害や離着陸における危険性の高さが指摘されていた．1994 年，大阪湾泉州沖を埋め立てて整備された関西国際空港の開業に伴い，名称には国際の文字が残ったが，国内線専用の空港になった大阪国際空港は，将来の廃港も検討されている．一方，1931 年開港の東京国際空港（羽田空港）は，空港機能の改善および騒音対策を目的として 1984 年以降，敷地東側の海面を埋め立てて空港施設を移設・拡張する「沖合展開事業」が行われ，2010 年に D 滑走路が供用されたことで，国際線も飛ぶハブ空港へと姿を変えつつある．この D 滑走路は，神奈川県川崎市寄りの多摩川河口付近の海上に，埋立てによる人工島とジャケット工法による桟橋を組み合わせた，世界初のハイブリッド滑走路として，既存の B 滑走路と平行に建設された[2-5]．

1931 年（昭和 6 年）
「東京飛行場」開港

1959 年（昭和 34 年）
A 滑走路を 2,550m に延長

1964 年（昭和 39 年）
C 滑走路完成

1970 年（昭和 45 年）
B 滑走路延長工事

2000 年（平成 12 年）
新 B 滑走路完成

2010 年（平成 22 年）
新たに D 滑走路が完成し、合計
4 本の滑走路になった空港

写真 2.1 東京国際空港 沖合展開事業[2-5]

空間は，拡大するだけでなく，需要が減ったり機能が陳腐化して不要になった部分をそのまま放置せず，空間を無理なく縮小することも海洋建築物ならば可能である．とくに，浮体式の海洋建築物であれば，装置の部品を交換するように，必要に応じて空間ユニットを比較的容易につけ替えたり，ユニットの連結順序を変更することもできるので便利である．このような融通が利きやすいアダプティブ特性は，これからの環境配慮社会で求められている 3 R（Reduce：減らす，Reuse：繰り返し使う，Recycle：再資源化）にも貢献する．

例えば，1996 年に実証浮体モデルとして建造されたメガフロートは，浮体長さ 300m，浮体幅 60m，浮体高さ 2m という規模であったが，実験終了後，いくつかに分割され，それぞれ各地で海釣り公園やイベント施設などとして活用されている．とくに，静岡県の清水港で海釣り公園として利用されていた施設は，2011 年 3 月の東日本大震災で被災した福島第一原子力発電所の汚染水を貯留するタンクとするため海上を曳航して運搬され，災害復旧支援という緊急時におおいに役立つことになった．

表2.1 分割されたメガフロートの再利用[2-6]

No.	設置場所・完成年	利用目的・用途	大きさ
1	神奈川県横須賀沖 <2001年>	情報基地 （情報バックアップ基地としての機能を実証するために行われた実海域実験）	L：200m B：100m D：2m
	横浜港 （上記施設の再利用） <2002年>	ワールドカップ　メガパーク （サッカーワールドカップ決勝戦前夜祭のステージとして使用）	同上
2	三重県度会郡南伊勢町 <2001年>	マリンパークくまの灘 （海釣り公園，多目的施設として営業中）	L：120m B：60m D：3m
3	兵庫県南あわじ市 <2001年>	うずしおメガフロート南淡 （海釣り公園，多目的施設として営業中）	L：101m B：60m D：3m
4	島根県隠岐郡西郷町 <2003年>	フェリー桟橋 （フェリーなどの接岸する桟橋として稼動中）	L：143m B：20m D：3m
5	静岡県静岡市清水港 <2003年>	清水港　海釣り公園	L：136m B：46m D：3m
	福島第一原子力発電所沖 （上記施設の再利用） <2011年>	洋上の汚水貯蔵タンク （低濃度汚染水1万tの貯蔵）	同上

（L：浮体長さ，B：浮体幅，D：浮体高さ）

分割前のメガフロート[2-21]

清水港のメガフロート[2-22]

南あわじ市のメガフロート[2-23]

写真2.2 メガフロートの再利用

2.3.3 余裕性

> 日本の海域では，特別な許可なく建築物は建てられない．このため内陸の既成市街地とは異なり，海洋建築の周囲には大きな空間が広がっている．周囲に大きな余裕空間があることは，陸域にはない可能性やさまざまな影響をもたらすので，利点を活かし，欠点を制御することが重要である．

　周囲に大きな空間があるということは，風や日照を遮るものがないので気象・海象といった自然の影響を受けやすく，建物だけでなく，とくに屋外にいる人へ大きな影響を及ぼすおそれがあるので，身体への悪影響を受けにくくするような施設配置などに配慮が求められる．

近くに視界を妨げるものがないので，遠くの景色を見渡すことができる一方，遠くから，また，広い範囲からこちら側が見られやすくなる．既成市街地の中に建つ建築物は，通常，道路に面している側のファサード（正面）しか見られないが，周囲に水面の広がる海洋建築物は四方から見られるため建物に裏側を作ることはできない．さらに，水面が穏やかなときは水面が鏡となって周囲の景色を映し出すので，建築物のデザインには細心の注意が必要である．

空間が開けていると音は拡散し，波や水流の音と混ざることもあるので，迷惑となりがちな騒音は周囲に聞こえづらいという利点がある．また，火災や地震などによる災害時には，十分な広さの空間が延焼を防いだり，安全に避難するための空間を提供したりするので，普段は使わない余裕のある大きな空間（空間冗長性）の存在は，防災・減災にも有効に機能する．

2.3.4 鉛直展開性

> 海面下の水中を利用して建築空間を鉛直方向に展開することができる．とくに水深が深い海域では，大空間が確保可能であり，既存の海洋建築物に対して，追加的に下方に空間展開できるのは大きな利点である．

陸上建築物では，地上部分が完成後に，地階を増設するのは非常な困難を伴うが，海洋建築物の場合は，陸上のそれに比べて，比較的容易に行うことができる．また，地中・海中といった鉛直方向への空間拡大に要するコストも，陸上建築物に比べて海洋建築物の方が安価に対応できる．この特性を活用すれば，とくに水深が深い海域では，海面下に大規模な空間を確保することができ，例えば，海底下から採掘する大量なエネルギー資源の保管など，陸上では得がたい大容量備蓄が実現できる．

ノルウェーのフィヨルドでは，大水深という特性を活かして，大規模な重力式プラットフォームが建設されている．

2.3.5 隔 離 性

> 海域に立地する海洋建築は，陸域との距離的な関係やアクセスの方法によっては，空間の隔離性・独立性が高まる．この空間特性を活用することで，独自の雰囲気を演出しやすい施設や，陸域では立地制限を受けやすい施設の立地を可能にする．

海洋建築物は，四面環海または建築物の周辺部が海域になるため，空間の隔離性や独立性が高まる．この特性を利点として生かすことで，日常生活が展開される陸域から切り離され，独自の雰囲気を演出しやすい施設や，騒音・危険物・治安などの心配があるため，陸域で立地制限を受けやすい機能・用途をもつ施設の立地が可能となる．

前者に該当する施設としては，例えばテーマパーク，カジノ，リゾートホテルなどがあり，新たな発想による海域空間の有効利用を図ることで，人々の生活や環境を豊かにすることができる．

一方，後者の例としては，空港，エネルギー備蓄施設，廃棄物処理施設，原子力関連施設，核汚染物質保管施設などがあげられる．これらは，既成市街地における住民感情や周辺の環境状況からみて難易度の高い施設，環境負荷としての臭気や排煙・騒音・光害などの発生源となる施設およびその建設に伴って交通量が増大するなど二次的な環境影響の拡大が懸念される施設である．それらを海洋空間に設置することは，海洋立地がもたらす隔離性が有効に機能することで，既成市街地の問題点の解決に貢献する．

2.4 常時リスク

2.4.1 潮風・塩害

> 海風により輸送される砂塵，海塩は，海洋建築物と付帯設備への汚損および劣化の助長，ならびに居住の快適性の損失を招く可能性があるので，建築計画においては構造材料や仕上げ材料の選定，設備や窓の配置に配慮し，維持管理計画にも配慮しなければならない．

沖合の海洋建築物に対する風の作用方向は海域により異なり，年間を通じて一方向に作用する海域もあるが，季節変動や荒天時を考慮すれば，作用方向は全方向と考えるべきである．波によって水面から大気中に放出される海水粒子や海水粒子から水分が蒸発して塩分のみが残った海塩粒子は，鉄筋や鋼材など建築材料の重大な腐食要因となる[2-7],[2-8],[2-9]．建築物の海洋大気に接する外周面は，海塩の浸透を防止するための防食に配慮した仕上げが必要であり，海中・潮間帯・飛沫帯と同様に，海洋大気中という環境区分に応じた防食工法の選定が重要である[2-10]．外壁面の仕上げのほかにも，外部の階段，手すりや空調機の室外機などの付帯設備の防食にも配慮しなければならない．既設の海

中展望塔では，定期的なガラス面の清掃や連絡橋の手すりの腐食対策が行われている．

2.4.2 強　　風

> 海上の風は季節変動が大きく季節ごとの卓越方向が明確であり，内陸部と比べて異常時の海風は遮蔽物がないために風速が大きい傾向があるので，海洋建築の計画に際しては，アクセス時の安全性確保などの防風対策を講じなければならない．

　海上風の年間卓越風向は，その緯度における貿易風や偏西風の風向である．例えば，赤道付近のサンゴ礁島では常に弱い東風が吹いている．陸域に近づくと陸地と海水の比熱の違いによる海陸風が生じる．日中の地表は海風で岸沖方向断面内では海風循環，夜間の地表は陸風で岸沖方向断面内では陸風循環が生じる．

　海上は，遮蔽物がないために荒天時の風速は陸域に比べて大きい．沿岸陸域では，海からの風が直接作用するために内陸よりも風速が大きい．そのため，建物間の風の縮流に配慮した配置計画，抵抗の少ない屋根の形状などのデザイン選択，剥落に配慮した仕上げ材料の選択などを講じる必要がある．

　沿岸域での陸域との常時のアクセスが橋梁や浮き桟橋の場合には，強風時の安全確保のために通行遮断を行うことがありうる[2-11]．

2.4.3 動　　揺

> 海洋建築物には陸上建築物と同様の振動に加え，海域特有の動揺が生じる．したがって，設計に先立ち，原因となる海象と結果としての動揺の関係を把握しておく必要がある．

　生活の営みがある以上，生活を補助する家電製品から乗り物に至るまで振動発生源となる．こうした人工的発生源のみならず，風力や地震などの自然現象に伴う振動に曝される．したがって，従前より陸上建築物や生活環境との関わりについての対処領域として「環境振動」という専門分野が存在し，一般的建築に関する研究や対処が行われている．海洋建築といえども一般的な建築振動と同様な振動に関しては，これらの資料を参考にして対処が可能である．

　しかし，海洋建築物には，一般的な建築振動と別に周期の長い動揺が発生することが大きな特徴である．

　動揺励起の主要な自然源動力は，図2.3に示すような海象による波である．波は風があってもなくても存在しているので，風に比べてさらに発生頻度は高くなる．したがって，海洋建築物は日常的に動揺環境下に置かれ，揺れることが当然であると位置づけるべきである．しかも波浪による動揺は単一軸の運動ではなく，図2.4に示すように複数の軸を有する運動となり，さらに特徴的なのは床面が傾くことである．こうした環境下では，知覚限界を超えて作業や歩行に支障をきたすので，設計に際しては海洋建築物としての用途を考慮し，表2.2に示すような居住性要素との関わりを十分に掌握して対処する必要がある[2-12]．具体的に対処すべき限界値などは「3.2.3 e. 動揺・振動への対応」で展開している．

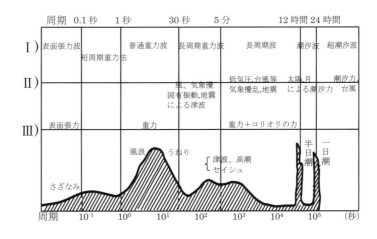

図2.3　波浪の発生機構

表2.2 海洋建築物の動揺評価対象項目

居住状態等	対象項目	対象意図
静止時	各種感応度 身体の揺れ状態 疲労への影響 酔いの発生の有無 視覚への影響	快適性の保持
室内の環境の変化	ペンダント類の挙動 プランターの挙動 液体類の挙動 什器類の挙動	
作業時	机上作業難易 家事作業難易 軽工事作業 救助作業 その他の作業	機能性・ 安全性等の保持
行動時	歩行能力 避難能力 その他の能力	

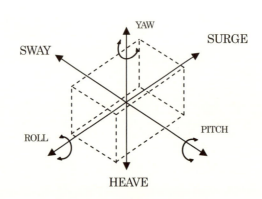

図2.4 海洋建築物の動揺軸

2.4.4 温度差

　大気と海水との比熱の違いにより，気温と水温に大きな差が生じる．その温度差がもたらす建築材料の膨張と収縮に配慮する必要がある．

　海水は熱容量が大きいので，大気に比べて暖まりにくく冷めにくい．したがって，大気が暖まって気温が上がる春先でも，海水の水温はまだ冷たい．逆に，秋口は大気の気温が下がるのに海水は夏の暖かさを残している．真夏の日中は，陸地や大気は太陽の直射でかなりの高温になるが，それに比べて海水の温度上昇は小さい．真冬も陸地や大気の温度が急激に低下するのに対して，海水温の変化は穏やかである．

　海水の表面温度は，赤道直下の低緯度海域で約30℃，日本近海などの中緯度海域では10～20℃である．いずれの海域も太陽光が届きにくい深い水深になるほど水温は低下するが，水深1,000m以深の深海域では，2～3℃とほぼ一定になる．

　海洋建築物は，年間を通じて大気と海水の温度差の影響を受けることになる．とくに，温度差が大きくなる真夏と真冬は，大気に触れる部分と海水に触れる部分の境界で，建築材料に好ましくない変形や応力を生じさせることもありうるので，設置海域における気温と水温の季節変化を把握しておくことが重要である[2-11]．

2.4.5 日射・紫外線

　海域には直射光を遮るものがないので，日射・紫外線の受照量が多くなり，受照時間も長くなる．日射は海洋建築物の表面から熱として取り込まれ，室内温度の上昇，建築材料の温度上昇による熱膨張，変形，ひずみ，劣化などの原因となる．日射や紫外線に長時間曝されると，健康に悪影響を及ぼす．

　日射は，可視光線と赤外線，紫外線からなる．可視光線，赤外線は海洋建築物の温度変化に影響を与える．大型建築物では日射の受照量も多く，鋼製の場合，材料の伸長による変形，ひずみの発生が検討されている．太陽直射の下での作業は熱中症を生じやすい．日除けを用い通風にも注意を払う．

　紫外線は波長が10～400 nmの不可視光線の電磁波であり，化学的な作用や皮膚の紅斑作用が顕著である．建築材

料の化学的な反応としては，とくにプラスチック材料や塗装材料は紫外線の影響を強く受けて劣化することが知られている．メンテナンスの頻度を下げるためには，紫外線に強い外装材料を選ぶ必要がある．塗装材料は色あせや剥離が問題となるので，メンテナンス頻度を適切に定める必要がある．

紫外線の人体影響については，建築計画上は遮蔽物の構築による対策が可能である．例えば，一般に「日焼け」と呼ばれる紅斑作用は，夏季の晴天太陽南中時には，約20分で生じるので，海洋建築物では，それを防ぐため，適切な日除け対策が必要になる [2-13], [2-14], [2-15], [2-16], [2-17], [2-18]．

2.4.6 高湿度

> 海洋大気は高湿度であるため，建築物の用途に応じた内装仕上げや空調などの対策を講じる必要がある．

海面からの海水の蒸発により，海洋大気は高湿度である．また，海水粒子や海塩粒子の影響もあるので，肌がべとつきやすく不快感を生じる．海洋大気中における洗濯物などの快適な乾燥は不可能であるので，適切な乾燥室を計画するべきである．

開放する居室の内装仕上げには，洗い流し清掃やかび対策が容易な磁器タイルなどの材料が推奨される．一方で，湿度を嫌う作業を行う居室は，無開放の窓とし外気の直接侵入を少なくする配慮が必要であり，常時の空調管理が必要となる．

2.4.7 潮位差

> 海域によっては干満差に大きな違いが生じるので，海域利用にあたっては，その影響に注意する必要がある．

潮位差は海域の形状，湾口や水路の幅，外海との位置関係，水深などによって異なる．例えば，日本の太平洋岸における大潮時の潮位差は約1.3mであるが，水域面積に比べて太平洋に接続する水路幅が狭い日本海沿岸の潮位差は，わずか30〜50cm程度と小さい．京都府丹後半島の伊根の舟屋は，日本海における小さい潮位差が可能にした住居形式である〔写真2.3〕．約12.5時間という潮汐の周期に共鳴しやすい細長い形状の海域は潮位差が大きく，有明海は日本最大の5〜6mもの潮位差を示す．東京湾は湾口が狭いが奥深い湾形状のため，外洋より大きい約1.8mの潮位差がある．世界最大の潮位差は，大西洋岸の米国とカナダの境界に位置するファンディ湾で観測され，その差は15〜16m，湾口の潮速は40 km/hにも達する．潮位差が大きく，潮速が早い海域では，徳島の鳴門のような急流の渦潮も出現する．

写真2.3 伊根の舟屋

2.4.8 潮流・拡散

> 海流や潮流などにより海洋建築物に起因する水質影響は拡散するので，汚水の濃度は希釈されて低下する一方，広範囲に影響が及ぶことにもなる．排水を公共の下水処理施設へ送水することが困難な場合には，建築物に汚水処理施設を配備する必要がある．

海洋建築物には汚水処理施設を設け，汚染の危険がない状態で排水するべきである．沿岸付近の建築物，例えば陸

に近い設置の横浜のぷかり桟橋では，排水は陸上の下水処理場に送水している．また，沖合の建築物では，汚水処理プラントの配備が必須である．陸上建築物と同様に汚水と同じ処理施設を用いることは，衛生上回避しなければならない．したがって，適切な能力のある雨水排水設備が必要であるが，浮体上のごみや油が混在したままで排水すると，海域の汚染につながることもあるので，処理方法を検討する必要がある．

2.4.9 降雨・積雪・着氷

> 雨水・積雪・着氷による浮体上の一時的な重量の増加は，構造または安定に対して危険な状態になることがあるので，排水や除雪についての対策を講じる必要がある．

雨水は，排水設備を設け汚濁防止に配慮して排水するため，貯留水の重量増加による不均一荷重になる．積雪は，降雪時にはほぼ均一な荷重の増加になるが，融雪時には雨水と同様に排水するため，不均一の荷重となる．さらに，大量の降雪が想定される海域では除雪が必要となるので，それによる荷重の変動が生じる．このような雨水や積雪による荷重変動を構造設計において配慮する必要がある[2-11]．また，積雪に対する対策として，浮体の安定性確保のための除雪計画の立案があげられる．

着氷に関しては重量増加とともに，部材断面の増加による風荷重や波浪荷重の増加がある．対策としては，表面への固着を防ぐ塗料の塗布[2-19]などがある．

2.4.10 放射性物質

> 放射性物質は海岸や海中に蓄積され，海底や河口の土壌や海水中などに存在する．放射線量は海底や河口の土壌で高くなる．放射線に長期にわたり被曝すると，人体や生物に影響を与える．放射線量の高い海域での建築物の設置は，避けることが望ましい．

原子力発電所からの放射性物質の放出は，陸域や海域に深刻な影響を与える．人間のみならず，生態系とくに海域の生態系に長期にわたる被害を与える．海に流出した放射性物質は海底に蓄積し，沿岸に蓄積された放射性物質が流れや波の力により海浜，海岸に打ち上げられる可能性がある[2-20]．

海洋や海岸における放射線量の測定は実施されつつあるが，放射性物質の蓄積するメカニズムの解明にはほど遠い状況である．将来にわたる予測は今後の課題である．しかし，将来，メカニズムが解明された時期では放射線の防御対策は遅すぎるため，早期の対策が必要で高放射線量の地点，海域を特定し，除染作業が必要となろう．

2.5 非常時リスク

海域には，陸域では見られない独特の非常時リスクが存在している．波浪，高潮，津波，海流などは陸域では作用することのない海域特有のハザードである．暴風や地震のように陸域をも襲うハザードでも，海域では陸域とは異なったリスクのかたちを呈する．自然災害の中にも，波浪，暴風，地震，津波など広域にわたり発生するハザードもあれば，火山，落雷，竜巻など限定された海域でのみ発生するハザードもある．限定された海域でのみ発生するハザードに対しては，設置海域の選定によりリスクを回避できる場合もある．さらに，自然災害に伴う非常時リスクだけでなく，火災，爆発，衝突など，海域で偶発的に発生する人為災害に伴う非常時リスクもある．

2.5.1 自然災害

a. 波浪

> 太平洋側の海域においては台風接近に伴う波浪の発達，日本海側の海域においては冬季の季節風による波浪の発達に十分配慮すべきである．

波浪は海上風によって生じる．波浪には，風域の直下で風から波へのエネルギー移送によって発達する風波と，遠方の風域で発生した波が伝播してくるうねりがある．通常の海面は，両者が混合した状態である．風波は比較的短周期成分が豊かであるが，うねりは伝播過程で短周期成分が減衰し，長周期成分が支配的になる．波高と波周期は，海上風の風速の増加に伴って大きくなる．一定風速の海上風が吹き始めると，時間とともに波は発達し，十分時間が経過すると発達が止まる．海上風の吹送時間が短いと波の発達は止まる．風と波が海面で接触している距離を吹送距離という．風域が沖合にあれば吹送距離は長く波は十分発達するが，風域が海岸に近いと吹送距離が短くなり，波の発

達は止まる．すなわち，波高と波周期は海上風の風速，吹送時間および吹送距離によって決まる．

太平洋側の海域で波が大きくなる最大の要因は，台風である．台風が近づくとまず遠方から大きなうねりが伝播し，接近するにつれて激しい風波が支配的になる．波高は 10m を超え，波周期は 15～20 秒になる．日本海側の海域では，冬季の季節風により波高は長期間にわたり 4～5m と高く，温帯低気圧が通過すると 7～8m になることもある．

b. 暴風

日本近海の最大風速は主に台風の通過によって発生する．日本海では冬季の季節風の影響も大きい．陸上に比べると海面の粗度はきわめて小さいため，境界層が薄く上空風の勢いが減衰しづらいため，海上風の風速は陸上に比べて大きくなる．最近は竜巻の発生が多くなっており，竜巻の接近に対する検討も必要である．

台風は表面水温が 26℃以上のフィリピン沖の静かな海域で年 30 個ほど発生している．西進するにつれて急速に発達し最盛期に達する．偏西風が吹く海域に入ると台風の移動は西向きから東向きに変わる．これを転向という．すなわち，典型的な台風の経路は放物線を描き，小笠原高気圧の縁に沿って移動する．しかし，数は少ないが経路が不規則になったりループを描いたりして迷走することもある．台風は熱帯低気圧であり，中心気圧は 900hPa 以下になることもある．水平規模は 600～800km のものが多いが 1,000km を超えることもある．台風は直径 20～80km の目をもっており，その内部の風は弱いが，外側では猛烈な風が吹いている．台風は上陸すると急速に衰えるが，海上ではその勢力を維持し続ける．太平洋側の海域では最大風速が 70m/s を超えることがある．日本海側の海域ではいったん上陸した後に日本海に抜けた場合は風速は大きく落ちるが，上陸せずに回りこんで日本海に入った場合は勢力を維持し続け，最大風速が 60m/s を超えることもある．

日本海は冬季にシベリア高気圧から吹き出す北西の寒冷な季節風が卓越する．大陸高気圧は乾燥しているが日本海を移動する間に暖流の対馬海流が流れる海面から水蒸気の供給を受け湿潤な空気に変化する．この湿潤な空気が冷やされて日本海側では大雪が降る．

竜巻は最近増加傾向にある．積乱雲の下で漏斗状に細長く延びる渦巻き上昇流であり，規模は小さく発生してから消滅するまでの時間も比較的短いが，局所的に猛烈な風が吹く．海上でも陸上でも発生するが，海上のときは水柱を伴う．冬季の日本海では，暖かい海面と冷たい空気が接することにより冬季水上竜巻が発生する．積乱雲がなくても発生する蒸気旋風の一種であり，通常の竜巻とはメカニズムが異なる．

c. 高潮

低気圧の接近による海面上昇は，海洋建築物への浸水，浮力増加に伴う構造破壊・機能障害，係留索の破断などを引き起こす．とくに湾の内側に海洋建築物を建設する場合は，強風による吹き寄せ，満潮，閉鎖性湾の固有振動（セイシュ），降雨による増水などの影響が加わるため注意が必要である．

高潮の主原因は海面気圧の変化である．台風など低気圧が近づくと海面は吸い上げ効果により上昇する．気圧が 1hPa 下がるごとに海面は約 1cm 上昇する．第二の要因として，海から陸に向う強風により海水が吹き寄せられて海面が上昇する．第三の要因として，満潮が重なると海面はさらに上昇する．港湾部では，閉鎖性湾の固有振動や降雨による増水により海面はさらに上昇する．日本における潮位の最大値は，伊勢湾台風のときに名古屋港で観測された 3.89m である．

d. 地震

日本近海ではどこに海洋建築物を建設しようが，地震に対する安全性の検討は避けて通れない．地震の発生メカニズムと発生する地震動の性質を理解し，地震に対する応答挙動を適切に推定することはきわめて重要である．

震央が海底にある地震を海底地震といい，日本近海においてその発生メカニズムはきわめて多様である．海底地震には，大陸プレートと海洋プレートの境界付近で発生するプレート境界地震と各プレート内部で起こるプレート内地震がある．

プレート境界地震の規模はマグニチュード 8 クラスと大きいことが多く，まれに複数の領域が連動してマグニチュード 9 クラスの超巨大地震になることがある．1 つの領域では数十年から数百年の周期で大地震が繰り返し，震源域が広いため甚大な被害が広範囲で生じる．1923 年の関東地震，2011 年の東北地方太平洋沖地震，過去に何度も発生し

ている南海トラフ地震などはこのプレート境界地震に属する．

　プレート内地震は，大陸プレート内地震と海洋プレート内地震に分けられる．プレート内地震の規模はマグニチュード7クラスとなることが多く，発生頻度は数百年から数十万年，大きな揺れが生じる範囲は比較的狭い領域に限られる．大陸プレート内地震の場合は，地表に断層が現れる場合もあるため活断層型地震と呼ばれたり，断層が都市の直下や周辺を走っていることもあるため直下型地震と呼ばれたりする．1995年の兵庫県南部地震は大陸プレート内地震に属する．海洋プレート内地震はさらにプレート境界に沈み込み前の地震と沈み込み後の地震に分けられる．沈み込み前の地震はアウターライズ地震とよばれ，1933年の昭和三陸地震がこれに属する．沈み込み後の地震は比較的頻繁に発生しており，1987年の千葉県東方沖地震，1993年の釧路沖地震などがある．

　なお，火山活動が活発な海域では，マグマの移動，水蒸気の圧力，海底の隆起や沈降が原因となって地震が発生する．断層の動きだけでは説明できないこのような地震は火山性地震と呼ばれる．

　着底式であれば地震動は陸域と同様に基礎から入力され躯体中を伝播して応答を増幅させる．浮体式でも係留装置を介して地震動は躯体に伝達される．陸域の地震応答と異なるのは，周囲を海水に取り巻かれているため，流体－構造物相互作用が生じ応答に大きな影響を与える点である．とくに付加質量効果を適切に評価することが重要である．

e． 津波

　津波は太平洋側のみならず，日本海側でも発生する．津波の発生と伝播や沿岸部における増幅を考慮し適切な設置海域を選定することと，津波が作用したときに受け流す形状や構造システムの採用を心がける．

　津波の最も一般的な原因は海底地震である．海底地震による海底地形の大規模な隆起や沈降がそのまま海面の大規模な変形を引き起こし，津波が発生する．津波が発生した場所を波源域とよび，波源域が日本近海である場合は近地津波，日本近海ではない場合を遠地津波という．近地津波には，日本海溝付近を波源域とする1896年の明治三陸地震津波，1933年の昭和三陸地震津波，2011年の東北地方太平洋沖地震津波，南海トラフを波源域とし100〜200年ごとに発生している東海・東南海・南海地震津波，日本海を波源域とする1983年の日本海中部地震津波，1993年の北海道南西沖地震津波などがある．近地津波には津波到来前に大きな地震動がある場合と，地震の揺れをほとんど伴わない場合がある．後者の場合の地震を津波地震とよび，明治三陸地震津波がこれに当たる．遠地津波としては1960年のチリ地震津波が有名である．平均時速750kmで伝播し，地震発生後15時間後にハワイ諸島を襲い，22.5時間後に日本の太平洋沿岸に到達した．

　津波の周期は地震の規模に応じて数分から数十分，波長は数十〜数百キロメートルになる．波高は外洋では数十センチメートル〜数メートルであるが，陸地に接近して水深が浅くなると，速度が落ち波長が短くなるため，波高が大きくなる．リアス式海岸のように湾幅が急に小さくなるような場所ではさらに波高が大きくなる．一般に津波の波高は水深の4乗根と湾幅の2乗根に反比例する．

f． 海震

　海底地震の発生に伴い，海水中を地震動の粗密波が伝播して，浮体に衝撃的な振動を引き起こす．この現象は海震と呼ばれており，海洋建築物の構造損傷あるいは機能障害の原因となる．

　せん断波は固体中を伝播することはできても流体中を伝播することはできないが，粗密波は固体中も流体中も伝播することができる．したがって，地震が発生したとき，地震動のせん断波は海中を伝播することができない．このため，せん断波に対して浮体式は理想的な免震構造物となる．しかし，海水の圧縮性により地震動の粗密波は海中を伝播するため，地震の影響から完全に免れるわけにはいかない．実際，航行中の船舶で地震動の粗密波による衝撃的な振動を感じたという報告は数多く，振動が大きくなって船体が破壊された例もある．海底面が水平である場合，地震波の水平成分は海中を伝播することはないが，鉛直成分は粗密波となって伝播する．このため，海震が作用した浮体の衝撃的な振動は，鉛直方向に生じることが多い．

g． 黒潮大蛇行

　太平洋沖に海洋建築物を建設する場合は，黒潮の流路を考慮した設置海域の選定が必要である．黒潮の流路は一定しているわけではなく，大蛇行が1年以上持続することもある．黒潮の流れの変化に留意する必要がある．

黒潮には2種類の安定した流路がある．四国・本州南岸に沿って流れる非大蛇行流路と紀伊半島・遠州灘沖で南に大きく蛇行して流れる大蛇行流路である．大蛇行は黒潮独特の現象であり，1930年代に発見された当初は異常現象と考えられたが，現在では安定流路の1つとして位置づけられている．最近50年間で5回の大蛇行が生じている．大蛇行が生じると，黒潮と本州南岸の間に下層からの冷水塊が湧き上がり，漁場の位置に大きな影響を与える．大蛇行流路は1年以上持続し，その後は比較的短期間で消滅する．黒潮は水温の差から生じる密度の違いによって高くなった海面との境目に沿って流れる地衡流である．このため，黒潮の流れる位置の違いにより潮位が1m程度変化する．

h. 流氷

オホーツク海に海洋建築物を建設する場合は，冬季にオホーツク海を覆う流氷による影響を考慮する必要がある．

オホーツク海は北半球で海氷ができる南限であり，日本近海で唯一結氷する海域である．オホーツク海は塩分濃度の濃い下層の上に塩分濃度の薄い表層が載った二重構造になっており，カムチャッカ半島，千島列島，北海道，樺太により閉じられているため，この構造が壊れにくい．表層は約50cmと薄く，アムール川から流れ込んだ真水がオホーツク海の表面に広がって形成されている．シベリアから吹き出した冷たい空気に海面が冷やされて海水が対流し，−1.7℃になると対流が停止して凍結が始まる．海氷は12月初旬に大陸沿岸で生まれ，徐々に広がって3月中旬にはオホーツク海の80%が流氷野になる．その後は後退に転じ，6月中旬には青海原に戻る．この間，流氷は風，海流，地球の自転などの作用により移動する．氷厚は大陸沿岸で最大約1m，北海道付近で最大40〜50cmになる．オホーツク海ではこれまでにも漁船や貨物船などが流氷に取り囲まれて航行不能となり，救援を要請することがしばしばあった．このときの氷厚は30cm程度であった．

i. 着氷・積雪

北洋や日本海に海洋建築物を建設する場合は，厳寒期に着氷や積雪による重心位置の移動や偏荷重による転覆・転倒などが生じないような配慮が必要である．

1960年代，船舶が厳寒期に北洋海域を航行すると，波飛沫が船体に当たって凍結し，船体着氷の厚みが急速に増して復原性能の著しい低下が生じ，突風にあおられて一瞬のうちに転覆・沈没するという海難事故が相次いだ．北海道では最近でも大雪による積雪で係留船舶が転覆した例が複数報告されている．いずれも船体上部の重量が増えて重心位置が上方に移動し不安定になった結果と考えられる．気象・海象の厳しい状況下で着氷や積雪を取り除こうとして，足を滑らせ海中転落して死亡に至ることもある．また，強風下の積雪の場合，風上側と風下側とで積雪量が大きく異なって偏荷重が生じ，比較的積雪量が少ないにもかかわらず転覆・沈没することもある．

j. 海底地すべり

海底谷や大陸棚斜面のような深海に海洋建築物を建設する場合は，大規模な海底地すべりが発生することを念頭に置いた安全対策が必要になる．

海底地すべりは海底斜面上の堆積物が急激に滑り落ちる現象である．斜面は必ずしも急斜面とは限らず緩傾斜でも発生する．発生原因としては，地震活動や火山活動などの外因と，堆積物の自重による自然崩壊の内因がある．陸上における地すべりの体積が大規模なものでも数十立方キロメートル程度であるのに対し，海底地すべりの規模は非常に大きく，体積は数千立方キロメートル，移動距離は数十キロメートルに及ぶことがある．さらに，海底に沿って泥を含む密度の高い水が流れる乱泥流が発生することもある．海底地すべりが発生すると，海洋建築物は流失・転覆・沈没する危険が生じる．また，離れた場所で発生した場合でも，海底ケーブルや海底パイプラインの切断による障害が生じる．

k. 海底火山

日本近海には海底火山の活動が活発な海域がある．このような海域に海洋建築物を建設することは安全上好ましいことではない．

深海では高い水圧がかかるため陸上の火山と比べると噴火の規模は小さいが，北大西洋海嶺の直上を航行中の船舶が深海の海底火山噴火により発生した海震により甚大な被害を受けた例がある．水深が浅い場所で噴火した場合は，

大きな噴火になる．このとき，海水がマグマに触れて瞬時に気化する水蒸気爆発が起きることがある．海底火山の山頂が海面から露出して火山島を形成することがある．伊豆諸島から小笠原諸島にかけては海底火山の活動が活発である．その1つ，明神礁は激しい火山活動をたびたび引き起こし，何度か標高200～300mまで達する新島を形成したが，現在は海面下に消滅している．1952年，明神礁の噴火を観測していた海上保安庁の観測船が乗員31名を乗せたまま突然消息を断った．噴火に巻き込まれたと考えられている．

l. 海上落雷

> 落雷は海上でも陸上と同じように生じる．海洋建築物を建設することは，他に高いものがない海域において落雷の標的になりやすいことを意味している．海上落雷に対する対策を十分立てておく必要がある．

海上での落雷の影響は陸上よりも大きくなりやすい．通常，落雷1回あたりの放電量は数万～数十万アンペア，電圧は1～10億ボルト，電力量換算で平均9,000ギガワット程度になる．落雷は時間にして約1/1000秒と一瞬である．

海上では周りに高い物体がないため，海洋建築物への落雷の確率は避雷針が多い陸上に比べると大きい．発電・変電施設に落雷すると停電が広範囲で発生し，通信施設に落雷すると陸域や周辺船舶との連絡が途絶する．コンピュータをはじめとする電子機器は落雷に弱く，情報システムのダウンが生じやすい．海上への落雷後，表皮効果（電流が物質内部よりも表面を流れやすい性質）により，電流は海中よりも海面を広く伝わる．さらに，海水は電導体であるため，落雷位置の20m以内で遊泳をしていると感電し，痺れや気絶により溺死することがある．

最近，冬季の日本海海上で通常の雷放電よりも光エネルギーが1桁から2桁大きい光エネルギーを有する雷が衛星観測によって発見され，スーパーボルトと名づけられた．このスーパーボルトに襲われると，長時間大きな電流が流れるため，通常の雷防止センサーが効かずに重大な事故につながる可能性がある．

m. 海上濃霧

> 海上では長期間にわたり濃霧が停滞することがある．このような状況になると，船舶の航行やヘリコプター・飛行機の飛行が困難になるため，周辺の陸域・海域から海洋建築物へのアクセスができなくなる．食糧・飲料の貯蔵，廃棄物の蓄積，医療体制などへの影響を考える必要がある．

海上に孤立する海洋建築物にとって，交通手段の途絶は致命的である．長時間にわたり濃霧が発生すると船舶の航行やヘリコプター・飛行機などの飛行が困難になり，海洋建築物へのアクセスができなくなる．海上で濃霧が発生する原因は，北から冷たい空気が入り暖かい空気と混じることによって発生す場合（前線霧），暖かく湿った空気が冷たい海水面で直接冷やされて発生する場合（移留霧）などがある．北海道沖や三陸沖では，夏になると，北太平洋高気圧から吹き出す比較的温暖湿潤な空気が寒冷な親潮の影響を受けて長期間厚い霧が停滞する海霧を生じさせる．気象庁は海上での視程が500m（瀬戸内海では1km）になった場合，あるいは24時間以内に発生すると予想される場合に海上濃霧警報を発令することになっている．

2.5.2 人為災害

a. 衝突・墜落

> 不注意な接岸や操縦不能による船舶の衝突に備える必要がある．また，空からのアクセスに伴う飛行機またはヘリコプターの墜落にも備える必要がある．

陸域から海洋建築物へのアクセスには，離岸距離が短い場合は橋梁を使った陸路が主となるが，離岸距離が長くなれば高速艇などによる海路または小型飛行機やヘリコプターによる空路を利用せざるをえない．周辺海域を航行するフェリーやタンカーのような大型船舶は，緊急停止しようとしても慣性航行し，最短停止距離は4～5kmになる．偶発的に発生する船舶の衝突や飛行機またはヘリコプターの墜落に対する安全対策を考えておく必要がある．

b. 爆発・火災

> 陸域または海域で爆発・火災が発生して海洋建築物周辺の海域にその影響が及ぶ場合の対策を考える必要がある．同時に海洋建築物内部で爆発・火災が発生した場合の安全対策および周辺海域への影響対策も考える必要がある．

周辺海域または沿岸部において大規模な爆発・火災が発生しても，海洋建築物にその影響が及ばないような監視・

予防対策を考える必要がある．海洋建築物内部の爆発・火災に関しては，孤立した海域での避難を考えると致命的な結果になる可能性があるため，監視・予防システムの多重化を図り，発生の阻止に努める必要がある．万が一に備えての内部避難エリアの確保や外部脱出手段の確保も考慮する必要がある．

c. インフラ・情報システムの長期間機能停止

> 機器・配管・配線系の故障やヒューマンエラーにより長期間にわたり電気・上下水道システムや情報システムが機能回復しない場合の対策を立てる必要がある．

機器系の故障やヒューマンエラーによりライフラインシステムや通信システムの長期間にわたる機能障害が生じないように予防・監視機能を強化するとともに，機能障害が生じてしまった場合に備え，早期回復が可能となるような対策や補助システムの整備を考える必要がある．なお，磁気嵐やデリンジャー現象のような天体異変への配慮も必要である．

d. 有害・危険物質漏洩

> 陸域または海域で有害・危険物質が漏洩し海洋建築物周辺の海域に到達したときの対策を考える必要がある．同時に，海洋建築物から周辺海域に誤って有害・危険物質を漏洩してしまった場合の影響対策も考える必要がある．

沿岸部や周辺海域から有害・危険物質が漏洩した場合の影響が及ばないような監視および防護システムを整備するとともに，海洋建築物の内部で有害・危険物質が発生することがないような対策を立てる必要がある．

e. 破壊活動

> テロ攻撃・サイバー攻撃に対する対策を立てる必要がある．

海域に孤立する海洋建築物は，テロ攻撃やサイバー攻撃の対象となった場合，すぐには外部からの救援・応援を期待することができない．攻撃を無力化するための事前のセキュリティ対策と攻撃された場合の自衛機能を強化する必要がある．

参考文献

2-1) 川西利昌，加藤学，陳幸壬：沿岸，海洋域におけるサングリッタが暗順応時間に及ぼす影響，人間工学会誌，第30巻第5号，pp.299-303，1994.10

2-2) 堀田健治，崔鐘二，岡本強一，山崎憲：沿岸域の音環境評価に関する研究，生態工学，15巻2号，pp.71-77，2003.4

2-3) 崔鍾仁，堀田健治，山崎憲：超音波を含む波音の再生音が人間の生理・心理に及ぼす影響に関する研究：聴覚誘発電位の挙動・心理・性格検査を用いて その1，日本建築学会計画系論文集563号，pp.327-333，2003.1

2-4) 米田昌雄，矢崎基之，茅野秀則，堀田健治：海洋療法施設の計画に関する研究 その1塩水プール浮遊時の心理的・生理的影響に関する実験的研究，日本建築学会計画系論文集，第530号，pp.257-262，2000.4

2-5) 国土交通省関東地方整備局東京空港整備事務所：もっと知りたい羽田空港の歴史，http://www.pa.ktr.mlit.go.jp/haneda/haneda/more/405_01.html

2-6) 財団法人 日本造船技術センター：http://www.srcj.or.jp/html/megafloat/results/res_index.html

2-7) 堀田健治，平野正昭：沿岸域における海塩粒子の発生に関する研究（第2報） 消波構造物を設置した海岸と砂浜海岸における発生量の特性，日本建築学会構造系論文集455号，pp.207-213，1994.1

2-8) 堀田健治：沿岸域における海塩粒子の発生に関する研究：第1報 砂浜海岸と消波ブロックを設置した人工海岸における発生量の違い，日本建築学会構造系論文報告集，第441号，pp.101-106，1992.11

2-9) 堀田健治：砂浜海岸における海塩粒子の発生に関する研究，日本建築学会構造系論文報告集，第444号，pp.145-152，1993.2

2-10) 海洋建築物構造設計指針（浮体式）・同解説，3章材料，pp.80-104，日本建築学会，1990

2-11) 超大型浮体式構造物技術基準案・同解説，㈶沿岸開発技術研究センター・メガフロート技術研究組合，1999

2-12) 岩崎加奈恵，野口憲一，後藤剛史：浮遊式海洋建築物の快適動揺に関する研究　眠気と脈拍反応による考察，日本建築学会計画系論文集，第528号，pp.261-266，2000.2

2-13) 川西利昌，斉藤弘海，昆野雅也：海浜における紅斑作用紫外放射量の天空及び地物分布に関する研究，日本建築学会環境系論文集，第587号，pp.87-91，2005.1

2-14) 川西利昌，昆野雅也：中波長天空紫外放射輝度分布特性を用いた海浜の日除けに関する研究，日本建築学会環境系論文集，第601号，pp.59-64，2006.3

2-15) 川西利昌，向山達哉：紅斑作用紫外放射量と海浜日除けに関する研究，日本建築学会環境系論文集，第73巻，第623号，pp.131-137，2008.1

2-16) 川西利昌，末田優子：建築材料と海砂の紅斑作用紫外放射透過率・反射率及び紫外線防御指標UPFに関する研究，日本建築学会環境系論文集，第75巻，第650号，pp.397-403，2010.4

2-17) 川西利昌，大塚文和，前田直樹：電子走査式天空放射輝度分布測定装置を用いた沖縄県石垣島真栄里海岸の天空及び地物紅斑紫外放射輝度分布測定，日本建築学会環境系論文集，第77巻，第678号，pp.707-711，2012.8

2-18) 川西利昌，大塚文和：紅斑紫外放射輝度分布を用いた紫外線日除けチャート作成と海浜日除けの建築的太陽防御指数ASPF，日本建築学会環境系論文集，第79巻，第700号，pp.563-569，2014.6

2-19) 日本舶用工業会：日本財団助成事業平成19年度着氷防止塗料に関するに技術開発報告書，2008

2-20) 川西利昌，大塚文和：周辺及び指向性をもつ線量計によるふなばし三番瀬海浜の線量率測定，日本建築学会環境系論文集，第79巻，第695号，pp.117-122，2014.1

2-21) メガフロート技術研究組合：http://www.sea-soken.co.jp/mega-float/

2-22) 毎日新聞社提供　東日本大震災　福島第1原発事故　汚染水の貯蔵に投入される計画の「メガフロート」 2011年4月3日本紙掲載

2-23) 南あわじ市インターネットホームページ，南あわじ市浮体式多目的公園（海釣り公園メガフロート），http://www.city.minimawaji.hyogo.jp/soshiki/suisan/umidurikouen-mega.html

3章 計　　画

海洋建築は，「2章　海域特性」で示された海域の特性を踏まえ，そのベネフィット（便益）を最大化し，リスクを最小化するよう計画される．本章では，まず海洋建築を計画するうえで基本となる用途と海域特性との関連，要求性能の把握とそれに基づいた目標性能の設定，サイト選定およびシステム選定の進め方について述べる．次に，建築計画（環境計画，防災計画などを含む），構造計画，設備計画および維持管理計画において考慮すべき基本的事項を，海洋建築特有の事項に焦点を当ててまとめる．最後に海洋建築の計画に関連する法制度について解説する．

3.1　計画の基本
3.1.1　海域の特性と海洋建築の用途・機能

> 海洋建築の計画にあたっては，「2章　海域特性」で示された海域の諸特性を踏まえ，海洋立地のベネフィットを最大限に活用するとともに，発生するリスク（これには海域環境が建築物に与える作用リスクと建築物の存在が周辺環境に及ぼす影響リスクがある）が最小となるように計画する．

海域の特性とそれらの活用によって期待できる海洋建築の用途・機能には関連がある．ここでは，「2章　海域特性」で示された海域の諸特性の中から，海洋建築の用途・機能を達成するうえでベネフィットとなることが期待される特性を抽出し，それらの活用例（用途・機能）とともに示す．

(1) 理学特性・地理特性

（ⅰ）海水の物理特性

海水の熱容量と相変化による潜熱により，海域の気温は陸域に比べ日変化・年変化ともに小さい．この気温の変化の穏やかさは，リゾート施設，療養施設などの立地に有利である．またこの特性を利用することで，熱負荷の小さい海洋建築が実現できる．例えば，ワインなどの熟成を行う施設を海中または海底に設置することなどである．

（ⅱ）流体力学特性

海水が流体であることにより生じる波と流れは，風や天体の引力からエネルギーを得ている．これを再度エネルギーに変換することで海洋建築の機能維持に利用できる．波力発電・海流発電・潮流発電を行うエネルギーサプライモジュールを主用途の海洋建築に接続して運用する．

（ⅲ）海水の変動性・流動性

海水の変動性・流動性により海洋建築物は自由に変形・移動させることができる．その特性を利用した用途・目的として，例えば，非常時に形態を変えて大型船も入港可能にするマリーナや，病棟の一部を分離して隔離病棟にできる病院が考えられる〔図3.1〕．さらに常時動き続ける海洋建築としては，太陽光発電プラントやリゾートホテルなども考えられる〔図3.2〕．この特性は海洋建築物の建設や解体撤去にも有効に活用できる．

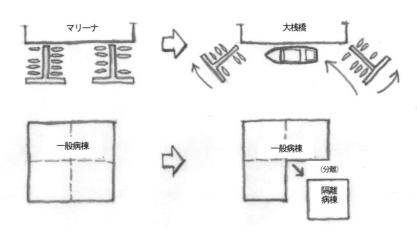

図3.1　変形・移動する海洋建築

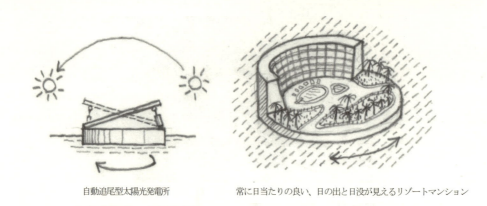

　　自動追尾型太陽光発電所　　　　常に日当たりの良い、日の出と日没が見えるリゾートマンション

図3.2　動く海洋建築

　また，容易に移動・変形できる利点を用い，用途や機能により大きく2種類のモジュールを組み合わせることで，アダプティブ（適応性の高い）海洋建築が実現できる〔図3.3〕．1つは居住空間，執務空間などの主用途のモジュールであり，比較的規模が大きく使用期間が長いものとして計画される．もう1つはこれを維持するためのモジュールであり，エネルギーサプライ，ユーティリティ，ゴミ処理リサイクルなどの機能をもつ．これらはその機能ごとに必要な規模と使用期間（設備寿命）が設定され，移動性に優れ，交換・追加・撤去が容易である．

　変動性・流動性に対しては，常時の定位置維持の制御が必要であり，これを誤ると漂流・衝突などのリスクとなる．

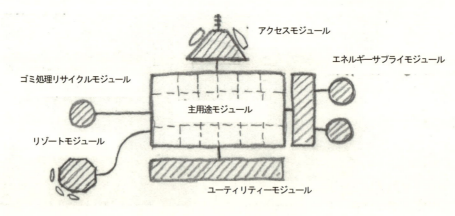

図3.3　アダプティブ海洋建築

（iv）浮力

　海洋建築はその浮力を利用し，重力とバランスさせることにより海面だけでなく海中や海底も建築空間として利用可能である．これは用途・目的に適した空間にそれぞれ機能をもたせることで，全体が機能する3次元海洋建築も可能にする．例えば，海底資源開発プラントでは，海底ユニットで資源を採取し，海中ユニットは資源の海上への搬送と海流発電によるエネルギー供給を行い，海面ユニットは作業員の執務・居住および資源備蓄に用いることができる．

　一方で，浮力の制御は，積載荷重の変動を打ち消して海洋建築を一定のレベルや水平を維持するなど，不動を保つことにも利用できる．例えば，埋立てによる海上空港の旅客ターミナルビルの不同沈下対策として，浮体構造を採用することが考えられる．

　浮力により陸地や海底と接することなく定置できることから，地震に対し免震性を有する利点がある．ただし，効果はせん断波のみに対してであり，疎密波には効果はない．

　また，浮力の制御は建設や解体撤去の時点においても有効である．例えばドックで製作したモジュールを現地に曳航した後，沈設や回転が可能であり，さらに設置位置まで潜航させて取りつけたり，モジュールを揚重したりすることも可能である〔図3.4, 3.5〕．

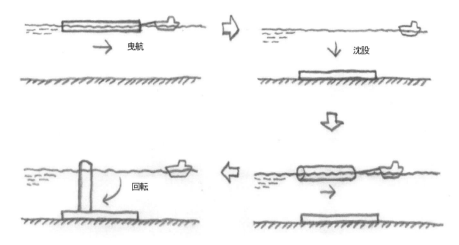

図3.4 曳航・沈設・回転による設置

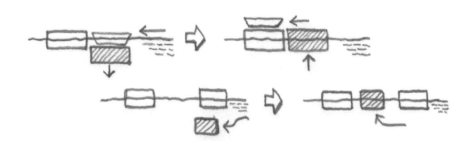

図3.5 浮力の制御による設置

(ⅴ) 天文学的作用（潮汐・慣性振動）

　干満の差が大きい海域では，海岸の境界が時間とともに変化し，特異な景観を見せる．日本の厳島神社やフランスのモン・サン・ミシェルなどは，この効果により宗教建築であるとともに観光の対象となる海洋建築でもある．この効果を利用することで，海洋建築を用いた観光リゾート開発も考えられる．

　また，潮流による発電も可能なため，主用途のモジュールをサポートするエネルギーサプライモジュールとして利用することもできる．

(ⅵ) 海底地形・地質

　貴重な水産資源である魚介類を扱う漁業では，海洋建築をその活動拠点とすることが合理的である．海底地形を利用して人工漁礁による海底・海中牧場や回遊魚の漁場を作り，ここに海洋建築による漁業基地を設け，漁民の生活と漁や加工までこの上で行うことが考えられる．これは漁村の津波対策としても有効である．

　また，石油，天然ガスやメタンハイドレートなどの海底資源の開発にも，海洋建築の利用は不可欠である．「(ⅳ)浮力」で述べたように，海底資源開発プラントとして，海底ユニット，海中ユニット，海面ユニットの組合せで資源の採取，搬送，備蓄を行うことができる．

(ⅶ) 海洋生物

　海洋空間は海洋生物と直に接することができる場であり，すでに海中展望塔などの実績がある．今後はより多様な構成の海洋建築が期待される．例えば，人工漁礁と海底・海中展望施設に海上ホテルが接続された，海中自然公園リゾート開発などである．

(2) 生理・心理

　(ⅰ) 光の反射

　(ⅱ) 波の音

　(ⅲ) 潮のにおい

　(ⅳ) 水の感触

（ⅴ）開放感・孤立感

（ⅵ）波や風による揺れ

このような生理的・心理的な特性は，非日常的な環境を提供するとともに，それによる癒しの効果を作り出す．夕暮れの海面に発生するサングリッタや，波の音に含まれる超音波などは，海域独特のものであり快適性を向上させる．これらを利用した海洋建築としては，リゾート施設だけでなく，タラソテラピー（海洋療法）により心身機能の改善を図る施設なども考えられる．

(3) 空間特性

（ⅰ）広大性

都市の近くに広大で平坦な空間を確保できることから，都市機能補完型の海洋建築が実現できる．すでに海上空港や海上公園などが実現しているが，今後さらにスポーツ施設や国際展示場などの平面的に大規模な公共施設の建設が望まれる．これらには，とくに災害時の陸域の都市機能を補完する役割も期待されており，農産物の無人プラントによる生産や備蓄などに利用することもできる．

（ⅱ）可変性

「(1)（ⅲ）海水の変動性・流動性」で述べたように，外周の海面を利用し，容易に移動・変形できる利点を用いたアダプティブ海洋建築が実現できる．外周のモジュールは移動性に優れ，交換・追加・撤去が容易である．

（ⅲ）余裕性

周囲に大きな空間があることで，視界が開け遠くまで見渡せ，外部や内部からの振動騒音も拡散消滅する．この特性を利用して，例えば，美しい日の出や日没を眺められるリゾートホテルや，大音量のロックコンサートが開催可能な屋外コンサート施設などが実現できる．また，低周波騒音の問題が解決されることで，多数の風力発電プラントを配置することも可能である．

（ⅳ）鉛直展開性

「2.1.8 浮力」でも述べたように，海洋建築ではその浮力を利用し，重力とバランスさせることにより海面だけでなく海中や海底も利用可能となる．これは陸上建築では不可能なことであり，当初は海上に浮かぶ海洋建築であったものを，段階的にその下部にユニットをつけ加えていくことができる．これにより，海中に巨大な容量の構造物を比較的容易につくることができる．

（ⅴ）隔離性

海洋建築は海域に位置するためアクセスが制限されるが，この特性を利用してセキュリティ上，容易にアクセスできない施設が実現可能である．例えば，宇宙エレベーターの海上基地，重要資料アーカイブ，防衛施設，危険物を扱う研究施設などである．

以上のように，海域の特性とそれらの活用によって期待できる海洋建築の用途・機能には関連がある．これらをまとめて，マトリクス形式で表3.1に示す．

3.1.2 計画の手順

a. 要求性能の把握と目標性能の設定

(1) 建築主の要求性能を相互の対話を通して把握する．
(2) 要求性能を建築物の用途と重要度を考慮して適切な設計パラメーターにより表示し，設計時の目標性能として建築主との合意のもとに設定する．

海洋建築の用途・機能が明確になったうえで，その用途・機能を達成するための要求性能を建築主との対話を通して把握する．次に要求性能を建築物の用途と重要度を考慮して適切な設計パラメーターにより表示し，設計の目標とする目標性能を建築主との合意のもとに設定する．

要求性能とは，建築主が用途・機能を達成するために当該建築物に求める性能であり，これを建築物の用途と重要度を考慮して適切な設計パラメーターにより表示し，設計の目標として設定したのが目標性能である．つまり，要求性能も目標性能も建築物に求める性能には変わりないが，建築主から見れば要求性能であり，設計者の立場から見れば目標性能ということになる．とくに海洋建築においては，個々の建築物としての性能だけではなく，陸域との相互補完関係や周辺海域環境への影響など，既存の陸上建築に対する性能とは異なった性能が求められることになる．ま

た，海洋建築では，たとえ施設を建築的な用途で使用する場合でも，既往の陸上建築を対象とした法制度や設計基規準が妥当であるとはいえない．また浮体式については，施設を船舶としてとらえた場合でも，従来の船舶工学的な考え方だけでは十分に成立するものとはならない．そこで，海洋建築の目標性能は，施設ごとに独自にあらゆる荷重や自然条件に対する安全性や，使用期間中の居住性や機能性，建設・維持管理・解体撤去までのライフサイクル経済性などを考慮して決定されるものとなる．本指針では，海洋建築の基本となる目標性能を使用性と安全性に大別し，使用性を機能性と居住性，安全性を部材安全性とシステム安全性に区分することとする．図3.6に海洋建築の基本となる目標性能を示す．

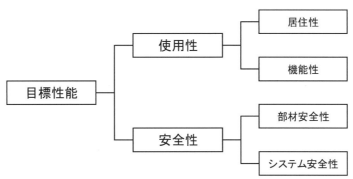

図3.6 海洋建築の基本となる目標性能

b. サイト選定とシステム選定

> 設定された目標性能を満たすために，リスク最小化とベネフィット最大化を目標として，サイト（設置海域）選定とシステム選定を行う．

設定された目標性能を満たすために，リスク最小化とベネフィット最大化を目標としてサイトとシステムの選定を行い，建築計画（環境計画，防災計画を含む），構造計画，設備計画，管理（建設，維持管理，解体撤去）計画の各内容を決定し，設計へと進む．計画全体のフローを図3.7に示す．

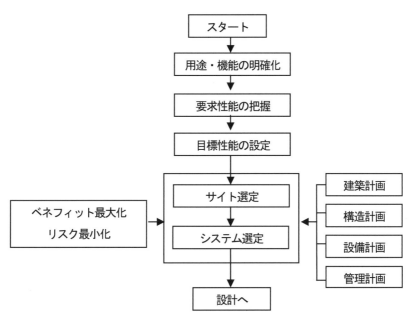

図3.7 計画全体のフロー

表3.1 海域の特性と海洋建築の用途・機能

		理学特性と地理特性					
		海水の物理特性	流体力学特性	海水の変動性・流動性	潮汐・慣性振動	浮力	海底地形・地質
用途	リゾート施設	気温の変化が穏やか		移動、回転、追加、撤去	時間とともに大きく変化する景観	海上、海中、海底利用	
	病院	気温の変化が穏やか		移動、変形、追加、撤去		海上利用 免震性	
	ワイン貯蔵庫	温度が変化しにくい				海中、海底利用	
	波力・海流・潮流発電プラント		風波、風成海流、潮流		潮流発電	海中利用 免震性	
	マリーナ			移動、変形、追加、撤去		海上利用 免震性	
	太陽光発電プラント			移動、回転、追加、撤去		海上利用 免震性	
	海底資源開発プラント			移動、追加、撤去		海上、海中、海底利用 免震性	天然ガス メタンハイドレート
	漁業基地			移動、追加、撤去		海上、海底利用 免震性	人工漁礁、海中牧場
	海中展望塔					海底利用	
	空港・旅客ターミナルビル			移動、追加、撤去		海上利用 不同沈下対策 免震性	
	スポーツ施設			移動、変形、追加、撤去		海上利用 免震性	
	国際展示場			移動、変形、追加、撤去		海上利用 免震性	
	屋外コンサート施設			移動、変形、追加、撤去		海上利用 免震性	
	風力発電プラント			移動、変形、追加、撤去		海上利用 免震性	
	宇宙エレベーター海上基地			移動、追加		海上、海中、海底利用 免震性	
	重要資料アーカイブ	温度が変化しにくい				海上、海中、海底利用 免震性	
	防衛施設			移動、変形、分離、追加、撤去		海上、海中、海底利用 免震性	
	危険物貯蔵・研究施設					海上、海中、海底利用 免震性	
機能	モジュールの曳航、揚重			○		○	
	水平レベル維持					○	
	アダプティビティ			○		○	
	低熱負荷	○					
	都市機能補完						
	セキュリティ						
	癒し						

	生理・心理	空間特性				
海棲生物		空間の広大性	空間の可変性	空間の余裕性	空間の鉛直展開性	空間の隔離性
人工漁礁、海中牧場	非日常的環境 癒し	都市機能補完	移動、回転、追加、撤去	景観	海上、海中、海底利用	セキュリティ 非日常性
	海洋療法 癒し		移動、変形、追加、撤去			感染防止
						セキュリティ
			移動、変形、追加、撤去			
		都市機能補完	移動、回転、追加、撤去			セキュリティ
			移動、追加、撤去		海上、海中、海底利用	
人工漁礁、海中牧場			移動、追加、撤去		海上、海中、海底利用	
人工漁礁、海中牧場						
		都市機能補完	移動、追加、撤去	航空管制(視認) 騒音対策		セキュリティ
		都市機能補完	移動、変形、追加、撤去			
		都市機能補完	移動、変形、追加、撤去			
		都市機能補完	移動、変形、追加、撤去	騒音対策		
		都市機能補完	移動、回転、追加、撤去	安定風力 騒音対策		セキュリティ
		巨大構造物施工性	移動、追加	巨大構造物施工性	海上、海中、海底利用	セキュリティ
					海上、海中、海底利用	セキュリティ
		首都防衛	移動、変形、分離、追加、撤去	騒音対策	海上、海中、海底利用	セキュリティ
				安全対策	海上、海中、海底利用	セキュリティ
			○		○	
			○		○	
		○				
				○		○
○	○			○		

3.1.3 サイト選定[3-1)]

> サイト選定にあたっては，ベネフィットの最大化とリスクの最小化を目標として，用途と規模に適した複数の候補地を選定し，それらに対して環境アセスメントなどを行い，最適なサイトを決定する．

海洋建築の建設計画はあるが建設地が定まっていない場合，以下の4つの条件について考慮しサイト選定を実施する．

(1) 環境アセスメント

海洋建築のサイト選定を行う際，建設時，使用時および解体撤去時に建設地周辺の環境へ与える影響を十分に調査し，総合的な環境影響評価を行う．また，建築主に対して自主的な環境への配慮を促す必要がある．

(2) 建築計画条件

海洋建築の建設目的，機能，規模，敷地面積，使用条件，施設の耐用年数，事業予算，安全に関する条件など建築主の要求を整理することが必要であり，かつ海洋空間のもつベネフィットを最大限に活かした提案をすべきである．ここで，敷地面積は水域占用面積となり，浮体式を計画する際には，水面下の係留索により占用される水域も面積に含め，ただし書きで明示する必要がある．

(3) 社会条件

周辺都市の規模・周辺連携特性，周辺環境・周辺文化との調和，風土，アクセス，経済性，法制度，保護生物，景観などに関わる条件について事前に調査を実施するとともに，とくに水域を占用する際には，漁業組合など利害関係者の理解を得ることが重要である．

(4) 自然環境条件

過酷な自然環境下に設置される海洋建築においては，安全性の確保の観点から厳しい設計条件の設定と慎重な安全対策が要求される．ここでは，自然環境条件を建築物に作用する荷重に関する条件と生態環境に配慮する条件に分けて考える．建築物に作用する荷重に関する条件としては，気象・海象・地象の条件があり，風や波浪，潮流，積雪，降雨，温度，地震・海震，津波，高潮などがあげられ，立地海域条件である水深，海底地盤の土質条件，地形条件などについても考慮すべきである．また，水質や生物への影響などについては生態環境に配慮する条件として考慮しなければならない．

ここで具体的にあげた項目を要素ごとに，ベネフィットとリスクの要因に分け，それぞれ順位付けすることでサイト選定を実施する．

3.1.4 システム選定[3-2)]

> システム選定にあたっては，要求性能を満足し，作用リスクと影響リスクが最小となるように，最適な構造システムと設備システムを決定する．

(1) 構造システム

海洋建築の構造システムは，着底式と浮体式に大別され，その固定方法または係留方法によって図3.8のとおりに分類される．

（ⅰ）着底式

着底式は，鉛直荷重と水平荷重を直接基礎または杭基礎により海底地盤に伝える方式である．代表的な構造形式にジャケット式，杭式，重力式などがある．全体重量と浮力および接地面との関係から自立安定性を確認し，基礎計画に反映する必要がある．

（ⅱ）浮体式

浮体式は，その固定荷重および積載荷重については構造体の浮力によって支持し，波，風，流れなどに対してはチェーンやワイヤーにより係留する方式である．代表的な構造形式にポンツーン式（一体大規模型，モジュール連結型），半潜水式（セミサブ式），テンションレグ式などがある．

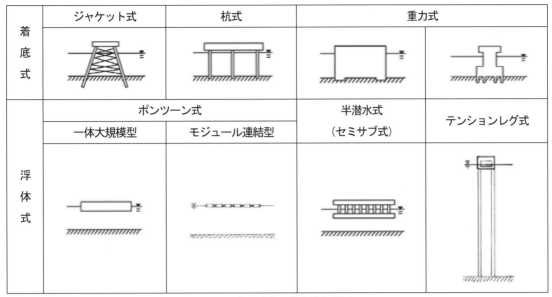

図3.8 海洋建築の代表的な構造システム

(2) 設備システム

設備システムの計画にあたっては，図3.9に示すように，設置海域の自然環境の特徴を十分理解したうえで，人・もの・エネルギー・情報が，陸域と海洋建築物の間および建築物内部で滞ることなく流れるように配慮する．人とものを運搬する交通システムは，建築物内部においても周辺海域においても環境に悪影響を与えるものは避け，時期に応じて変化する運搬量に柔軟に対応できるようにする．建築物内部で発生する廃棄物は，徹底的に再生・再利用を行い，陸域への搬出を最小化するシステムを目指す．エネルギーは海域の再生可能エネルギーを最大限に活用し，陸域に依存せずに海域で自立できるシステムを基本とし，建築物内部では省エネルギーを可能な限り追求する．情報は孤立した海域で陸域以上に重要であり，常時はもちろん非常時でも何の支障も生じないようなロバストなシステムを構築する．

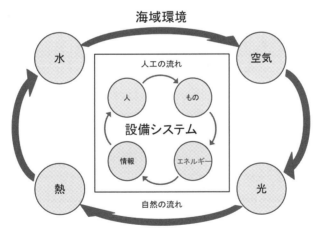

図3.9 海域環境と設備システムの関係

3.2 建築計画
3.2.1 海洋建築の構想[3-3]

> 海洋建築を構想するにあたっては，陸域とは特性の異なる海域に建設する利点の活用と陸域では得られないベネフィットの獲得をコンセプトとする．

「人類は，空想できたものはおおむね実現できている」とはC・セーガンの言葉である．海洋建築には陸上建築においては当然とされていた制約条件がなく，自由，広大という特色に加え，空と海に囲まれた雄大な景観，必要とされたときには外部への増築が可能となるシステムとしての自由度が高いという利点がある．海域という陸域とは異な

るフィールドに対して，その特性を活用することが重要である．

　海域を利用することによるベネフィットの視点からいくつか構想してみる．

　1つは，陸域で敷地を見つけることができないために海域に建設する必要が生じる場合である．すぐに思い浮かぶのは忌避施設で，広大な空間を自由に使うことによって建築的な構成として最適化がなされるような生産施設・廃棄物処理施設・エネルギー系施設などである．また，必ずしも忌避施設ではないが，近隣への影響を相当考慮しなければならないもの，例えば，競技場・運動場やイベント・コンサートなどの会場，話題になっているカジノを含むギャンブル系の施設などである．

　2つ目は，土地利用計画の自由度がその後の施設の運営にとって重要となる場合である．大学などの教育施設，研究所，とくに理系・自然科学系の研究所は空間の自由な利用が性能に決定的な影響を及ぼすことがある．病院などもある程度そのような要素がある．また，これらの研究開発系の施設は，陸域から適切な独立性を保持できるので，セキュリティの確保と従業者のための居住空間確保，さらには良好な環境を整えることによる創造性の誘発が期待される．

　3つ目は，これまで構想されたことのないものを海洋建築として実現できる可能性である．例えば，宇宙エレベーターの海上ステーション，巨大なサイクロトロン，衛星発射用に脱出速度まで加速可能なカタパルトなどが考えられる．一度構想を具体化し，それが実用の域にあるとされた後は，多くの類似構想が提起されてくる．それらが試行錯誤の段階を過ぎた後にはある形式が成立し，それが存在することが社会にとって当然のものとなる．「真の独創とは，蓋然の先見にある」とはヘーゲルの言葉である．

3.2.2　海洋建築の計画の特徴[3-4)]

a.　設計の自由度

> 海洋建築においては，敷地境界や形態制限が設定されていないので，機能と構造の要求を優先して形態・規模を決定でき，その形態・規模を許容するサイトを選択できる自由度がある．

　一般に，形態を決定づけるプロセスには，外側にある要因から決まるプロセスと内側にある要因から決まるプロセスがある．

　外在的要因から機能と構造の配置を決定するプロセスとは，例えば都市計画的要因などによって外形が先に決定され，そこに機能と空間を割りつけていく過程である．建築基準法の集団規定もその一つである．あらかじめ決定される外形に何をどこまで入れられるか．これは都市内の開発物件のような外形先行の計画プロセスである（インバース・プロセス）．この場合の計画条件は設計条件*とよばれる．

　内在的要因から建築形態を決定するプロセスとは，建築物の構成要素をそれぞれの個別合理性に基づいて配置することにより外形が決定していく過程である．建築基準法の単体規定もこの構成要素の一つであり，必要なものを算出し，それを最適な組合せに配置するとどのような外形となるかが決まる．これは広大な敷地に自由に機能を配置できる場合の計画としては理想的となる（フォワード・プロセス）．この場合の計画条件を通常設計与条件**と呼ぶ．通常はこの逆向きになった2つの手順を何度も行き来しながら建築物の輪郭が決まる．

　海洋建築の場合は，敷地の制約や都市計画的・集団規定的条件が存在しないために，設計条件と設計与条件の仕分けが，通常の建築と異なるものとなるところに大きな特徴がある．陸上建築と異なり，選定された海域の自然特性や建築物全体の規模から導かれる建築物単体の構造的制約条件が，建築計画の全体像を規定する設計条件となることが考えられる．

---

*設計条件・・・建築物の都合によって変えることが難しいもの．敷地条件，法的要件，周辺環境，地盤や気候など．
**設計与条件・・・計画・設計のために与えられる条件．目標そのものの場合（総工費など）と，目標の達成手段を具体的に指定したもの（有効率など）の2種類があり，これらが渾然一体となって与条件化されている．

b. 利用者制限による人命保護と財産保護

> アクセスが制限される海洋建築の場合には，利用者の属性を管理し，人数を制限することが可能である．これを前提とするならば，設計条件として性能と重要度を指標として扱うことにより，人命および財産の保護を達成できる．

海域に隔離された場所（施設）には，船舶のようにほぼ完全な管理が可能なものもあるが，離島のように特別な場合を除いて旅行者などの来訪を制限できない場合もある．このほか，通常は居住者・滞在者が存在しない前提のものに，一時的にメンテナンスなどで人が滞在，来訪する場合もある．アクセスが制限される海洋建築では，利用者の属性と人数の制限が可能である．したがって，このことを前提として計画を進めることで，人命および財産の保護を達成できる．

居住者・滞在者の属性は以下のように分類できる．

【居住者などの属性分類】

A：訓練を受けている者

　当該施設の本来目的の従業者などで，特別な訓練を受けて居住・滞在している者

B：訓練を受けていないが危険回避行動の知識のある者

　短期間の講習を受けるなどの危険回避行動の知識を身につけている者

C：訓練を受けておらず危険回避行動の知識もない者

　訓練は受けず，離島訪問者や船舶の乗客などと同等な一般的な避難回避知識のみをもって滞在している者

陸上建築物では，通常，建築基準法の適用を受けるために，個別の滞在者管理ができていても，防災・避難関係には一律の基準が適用されるために，それによって建築計画の全体像が決定する．建築計画の全体像を決定づけるのは避難距離や防火区画など一定の数値基準に基づくものであり，これらは陸域の通常の建築用途と一般的な滞在者を想定して規定されているため，建築物の滞在者の属性によって柔軟な扱いができるようにはなっていない（機能によっては特別な扱いができる）．海洋建築については，この考え方を変更して滞在者管理を前提にできれば，これまでにない空間構成の建築が可能になる．

建築基準法では，陸上建築物ではその用途と規模によって，安全対策の程度を区分している．陸上建築物における用途とは，その建築物の内部に居るいわゆる利用者の属性を空間の使用目的によって近似的に分類したものと考えられる．また，規模は利用者の数と建築物自体の財産価値をまとめて表現したものと考えられる．この区分に従って構造および防災設備のもつべき性能を規定し，それによって建築基準法の目的である人命および財産の保護を達成できる可能性を一定に保つことができるという構成となっている．

海洋建築においては，陸域と交通上の分離がなされており，船舶ないし離島と同様に利用者・滞在者の属性および人数管理ができると考えられる．すなわち，計画論的に決定可能な区分に従うことが可能である．利用者属性は用途によって近似的に表すのではなく，直接避難安全上の訓練の高さを利用者属性として指標におくことができる．また，その建築物の利用および滞在の人数を管理できるのであれば，間接的な指標である規模ではなく，人数を直接指標にできる．

c. 陸域との連携 [3-5], [3-6]

> 陸域との人・もの・エネルギー・情報の円滑な流れを維持する．海と空を利用する適切なアクセスを有する交通システムと陸域に依存しないインフラフリーを基本とするライフラインシステムを構築する．非常時には一時的に流れが遮断されることを想定して多重防護システムを構築する．

海洋建築においては，以下のように陸域との人・もの・エネルギー・情報の流れを制御することが重要である．なお，わが国にある6,852の離島のうち，人が居住しているのは400余りであり，それぞれに固有の方法で，サスティナブルシステムを構築している．これらの離島と陸域との人・もの・エネルギー・情報の流れも参考になる．

(1) アクセスの手段

陸域から離れている場合には船舶やヘリコプター，陸域から近い場合は橋や海中トンネルを利用することができる．非常時においては，複数の手段を確保し，同時に不特定多数の人々が円滑で容易かつ迅速に安全な場所に避難行動ができるようにする．

(2) インフラフリー

閉鎖系としての特徴を生かして，環境・設備計画的にエネルギー・水・食料など自ら賄えるものを積極的に構築する．

(3) 陸域との流通

陸域から供給する，逆に陸域に送り届ける必要がある場合，運搬またはパイプラインによる自動化など，供給・排出の安定性を確保することが重要である．

(4) 非常時対策

非常時の対策については「3.2.4 防災計画」を参照されたい．

d. 海域のネットワーク

> 海域に孤立する海洋建築の計画にあたっては，陸域との連携とともに周辺の島や他の海洋建築とネットワークを構築し，人・もの・エネルギー・情報の流れを拡張することに配慮する．

日本を取り巻く海域は，国際交流を高めるためのつなぎの空間であるとともに，国際摩擦を和らげるための緩衝の空間でもある．国際協調を図りつつ，日本の独自性を確保していくために，海洋空間は日本にとっての宝物である．この海洋空間を有効利用するために，北海道・本州・四国・九州からなる日本列島を核に，それを取り巻く有人・無人の多数の小島を取り込みながら，海洋建築物を配して海洋ネットワークを構築し，海域と陸域における人・もの・情報・エネルギーの流動性を高める必要がある．

3.2.3 環境計画

a. 日射・日照・紫外線

(1) 日射

> 海域は大気透過率が高いので，対象地点の直達日射量を十分に考慮し，とくに過剰な日射に配慮する．

海洋建築物は周囲に遮るものがないため日射は大きくなる．また，周辺の水面や砂面からくる反射日射もある．これらの日射により海洋建築物は過度な日射を受け，室内空間の温度上昇を生じることがあり，空調負荷の増加に対処するため，直達日射の遮断や断熱などの日射調整が必要である．なお，規模が大きい場合には熱変形にも配慮する．メガフロートやポセイドンの日射による研究[3-7]～[3-9]がある．

(2) 日照

> 海洋建築物が大きい場合，海中，海底への光を遮断する可能性があり，生態系への影響を最小にするため，海洋建築物および周辺の日照調整を行う必要がある．

水面に建設される海洋建築物においては，日照は採光に関係するが，水中への光を遮断するため，生態系にも影響を及ぼす[3-10]．したがって，水中の生態系は光合成を行うことができず，変質する．海洋建築物の面積が小さいか長方形で短辺が短い場合，また水深が深い場合は光が水中に透過するが，広範な面積を覆い，かつ水深が浅い場合は光を遮断してしまう．甲板の一部分に開口部や光ダクトを設けて，光を海洋建築物の下に誘導する必要がある[3-28]．

(3) 紫外線

> 海域は周囲に遮るものがないため紫外線は強く，また，周辺の水面や砂面からも来る．紫外線は，材料の劣化・変色の原因となる．また，人体の被曝に対して紫外線防御が必要になる．

海洋建築物は周囲に遮るものがないこと，海面からの反射があることなどの条件は紫外線についても同様である．紫外線による建築材料の劣化や，人間の被曝を防止する必要がある．屋外空間には適切な日除けが必要である[3-11]．

b. 採光・照明

> 海域は周囲に遮蔽物が少なく，日の出から日没まで太陽光線が到達する傾向にあるので，採光計画に十分配慮する．水密性を確保するため窓は小さく，昼光率は低くなる．人工照明を併せて考慮する．

海洋建築物は周囲に遮るものがないため，天空率は高く採光は容易である．しかし，窓など開口部は水密性を確保

するため小さくなり，昼光率が低くなる．窓が小さいことにより，人工照明の占める割合は大きくなる．屋内照明のみならず，屋外通路・屋外作業空間の照明にも注意を払い海中への転落を防ぐなど安全を確保する．また，周囲の生態系に対する配慮も必要である．

c. 色彩

> 海洋建築物の外装の色は，安全性と周囲との調和を考慮して決める．また，日射による温度上昇を防ぐため熱反射率の高い色を採用する．

色彩の生理的な影響として，衝突防止のために視認しやすい色を外装に用いる．外装面の白は高輝度になり，目に負担がかかることを留意し，海洋景観との調和が必要である．建築物上での作業時の安全性を確保するためグレアの発生を抑える．黄，白，赤，黄赤色が海上での視認性が高い．海と彩度，明度の差がある方が視認しやすい．海面反射光は，太陽高度が水平線に近いと輝度は低くなり赤みを帯びて心地よい景観を生じさせるが，太陽高度が中高度のときは，輝度が高くグレアを発生しやすい[3-12]．安全性を損なうおそれのあるときは，光制御を行う．海中では白，黄色が，視認性がよい[3-29]〜[3-31]．

d. 室内気候

> 海洋建築物は陸上と同様の快適性が求められ，居室に関しては陸上建築物の室内環境基準を適用する．

建築基準法に基づく室内環境基準を遵守する．

海域の気候変化はマクロ的には陸部に比較し，一般的には変動は穏やかであると位置づけられている．しかし，ミクロ的には風環境，波浪環境の変化に伴い，ともすると気象変化が著しい．内部環境はこうした外部環境の影響を直接的に受けることになるので，そうした激しい変化に対応できるように配慮する．また，鋼材を多用する海洋建築物の場合は，材料の熱貫流特性に起因して室内気候が大きく左右されることを十分に考慮する．

e. 動揺・振動への対応

> 海洋建築物においては，陸上建築物に生じるのと同様の短周期振動はもとより，風，波浪による長周期振動，すなわち動揺を考慮しなければならない．とくに動揺に関して着底式では主として水平運動のみであるが，浮体式には鉛直運動および傾斜が加わるので，さらなる配慮が必要となる．

(1) 動揺

（ⅰ）着底式

長周期水平振動が主対象となるので，一般居住者用途の着底式海洋建築物に関しては本会の「建築物の振動に関する居住性能評価指針・同解説」[3-13]のⅢに準拠して検討する．着底式内で，とくに作業，工事などに従事する作業者を対象とする場合は，ISO 6897-1984-8の「海洋固定建築物に関するガイドライン」[3-14]に準じて検討する．

ISO 6897の加速度実効値と周波数の関係を図3.10に示す．着底式に生じる0.063〜1 Hzの水平振動のみを対象としている．曲線1は訓練を受けた人が任意の姿勢で精密作業を行う限界曲線であり，曲線2は作業困難となる限界を示している．

（ⅱ）浮体式[3-15],[3-16]

浮体式の動揺に関しては，現時点で十分な資料が整備されていないが，居住性に観点をおく図3.11を根拠として考える．図3.11は居住性に関する動揺評価曲線，表3.2は動揺評価曲線の変曲点の値である．

海洋建築物内で人々が受ける環境刺激としての動揺は，明暗刺激や温冷刺激などと異なり，人々はその刺激を制御することができない．それゆえに，居住域においては，振動がまったく存在しない状態が最も理想的な環境といえる．しかし，陸上における建築物と異なり浮体式海洋建築物となれば動揺を伴うことは暗黙の了解下にあるとはいえ，種々の用途に対して一律に動揺の大きさを容認するわけにはいかない．住まうための用途，憩うための用途，作業のための用途，さらには以上の用途での異常時における避難時など，それぞれ許容される程度は異なってくる．

長期に住まうことが前提ならば，人々に揺れが知覚される否かの限界が基本となり，そのためには人間の振動に対する主観を対象とした検討は妥当なものであろう．しかしその用途が短期のレジャー用であれば，揺れが知覚限界を幾分上回るようであっても差し支えない．しかし，その程度が大きくなり，また，長時間継続するようになるにつれ，

人々にとっては徐々にそれが気になり煩わしくなり，さらには動揺病に至ることになる．したがって，このような用途においても，ただ単に揺れの大きさだけでなく，発生頻度や継続時間との関わりのうえで検討する必要がある．

　また，作業用の用途である場合は，その作業の内容が机上作業か工事作業かによっても許容の範囲は異なるだろう．とくに陸上建築物と大きく異なるのは，床面の傾斜である．床面が1度傾いていると，人間は傾斜が知覚できるといわれている[3-32]．著しく床面の傾斜が変化する浮体式に関しては，こうした環境における作業能率や疲労に関するデータを得た後，それらについての限界を検討する必要がある．

　さらに，異常時における避難については，頻度が極めて少ないからといって大きな許容値を与えるわけにはいかない．許容値は傾斜床上での人間の歩行能力，退避作業，さらには船舶やヘリコプターの海洋建築物への安全な接近限界なども考慮し，総合的に決定していかなければならない．

　わが国近海における気象変化および海象変化の過酷さを考えるにつけ，海洋建築物の居住性を前提に動揺・振動を評価するには主観のみに頼ることなく，以上のような快適性から安全性に至るまでの幅広い検討が必要と考える．

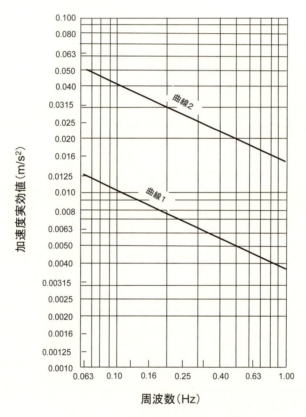

図3.10　加速度実効値と周波数の関係

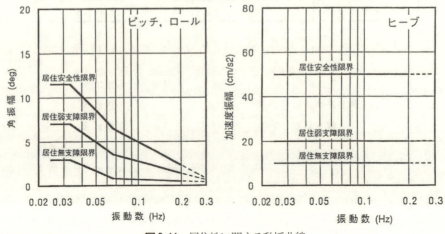

図3.11　居住性に関する動揺曲線

表3.2 動揺評価の変曲点の値

動揺成分	ピッチ，ロール			ヒーブ
振動数（Hz）	0.0333	0.0667	0.20	変曲点なし
居住安全性限界	11.5 deg	6.5 deg	2.3 deg	50 cm/s^2
居住弱支障限界	7.0	3.5	1.4	20
居住無支障限界	2.9	0.8	0.5	10

(2) 振動

構造体，とくに床に発生する短周期振動は，陸上建築物に生じる振動を取り扱う本会「建築物の振動に関する居住性能評価指針・同解説」[3-13]のⅠおよびⅡに基づいて具体的に対処する．海洋建築物であるために，特殊な材料や構法を使用し，動力などを付設しているケースが多いが，振動性状に特殊性がない限り，この指針によって評価する．

外部からの振動に海震がある．海震階級4－強震（80から250gal）の中に，「舵輪を握る手に衝撃を感ずるようになり」とある．このような事柄についても早急に検証し，機器の操作性の面からも許容しうる振動範囲を明確なものにしておく必要がある．

3.2.4 防災計画

a. 防災計画の基本

事前に想定しうる災害（想定内事象）に対しては，すべて計画・設計段階で対処し，建築物内外の安全性が確保できるように未然防止に努める．さらに，計画・設計段階で想定しえなかった災害（想定外事象）が発生した場合に備え，被害の拡大を抑えて人的・物的被害を最小化するためのロバスト性を付与する．

海洋建築のサイトにおいて発生しうる災害の想定シナリオを作成する．このとき，最も悲観的なワーストシナリオと最も楽観的なベストシナリオを考えたうえで，計画・設計段階の想定内事象と想定外事象の境界を設定する．想定内事象に対しては，災害の複数の作用レベルに対応する対策をそれぞれ具体的に提示する．想定外事象に対しては，災害の作用レベルによらずロバスト性を保持させる対策を具体的に提示する．物理的対策（ハード対策）と運用的対策（ソフト対策）の両面から対策を立てる必要がある．

b. 外部要因と内部要因

海洋建築で発生しうる災害の発生要因は，波浪や津波のように外部にある場合（外部要因）と火災・爆発のように内部にある場合（内部要因）に分けられる．さらに，外部要因が内部要因を誘発する場合もある．いずれの場合に対しても，安全性を確保できるように計画・設計段階で対処する．

外部要因に対しては，海洋建築物の外部または外部と内部の境界において，その影響をできるだけ低減する対策が必要である．内部要因に対しては，発生原因を内部につくらないことと，発生してしまった場合に備えて，被害を最小限にとどめるとともに，災害原因を閉じ込める，あるいは隔離する方法も考慮しておく必要がある．一時的に機能を喪失しても，できるだけ短時間で機能回復が図れるような対策が重要である．

c. 想定内事象への対策

外部要因と内部要因に分けて想定内事象への対策を考える．
(1) 外部・内部共通要因への対策
　（ⅰ）災害の発生と状況を知らせる警報システムの整備
　（ⅱ）内部の安全地帯への避難誘導
　（ⅲ）危険の鎮静化
(2) 外部要因への対策
　（ⅰ）外部からの影響の遮断または緩和

> （ⅱ）外部と内部の境界の強化
> (3) 内部要因への対策
> 　（ⅰ）災害の発生源（初期事象）の除去
> 　（ⅱ）初期事象後のリスク連鎖の遮断と災害の拡大防止

想定内事象への対策として，以下のような項目・内容が考えられる．

(1) 海洋建築物外部からの影響の緩和
　（ⅰ）海洋建築物の周辺に防波堤を設置して静穏海域をつくる．
　（ⅱ）海洋建築物の周辺に防護ネットを設置し，衝突体や瓦礫の接近を抑制する．
　（ⅲ）船舶の接岸岸壁やヘリポートの位置を本体から離して衝突や追突を防止する．

(2) 外部と内部の境界の強化
　（ⅰ）入場・出場の管理を強化する．
　（ⅱ）持ち込み・持ち出しの管理を強化する．
　（ⅲ）海水と接する外壁を二重壁にして内部への浸水を防ぐ．

(3) 建築物内部での災害発生源の除去
　（ⅰ）完全電化により火災・爆発の発生を回避する．
　（ⅱ）構造材，非構造材，家具・什器などには防火・耐火材料を用いる．

(4) 災害発生後の拡大防止
　（ⅰ）浸水防止のための隔壁を設ける．
　（ⅱ）火災延焼防止のための防火区画を設ける．
　（ⅲ）浸水時の排水システムを整備する．
　（ⅳ）有害ガス拡散防止のための換気設備を設ける．

(5) 建築物内部における避難誘導
　（ⅰ）状況に応じて避難ルートと避難場所を指示する情報システムを整備する．
　（ⅱ）避難状況を確認するための監視システムを整備する．

(6) 想定内事象の危険鎮静化
　（ⅰ）状況に応じた消火作業マニュアルを整備する．
　（ⅱ）状況に応じた浸水防止作業マニュアルを整備する．
　（ⅲ）状況に応じた病人・けが人搬送作業マニュアルを整備する．

d. 想定外事象への対策

> 想定外事象に備えて，以下のような対策を考える．
> (1) 災害の発生と状況を知らせる警報システムの整備
> (2) 内部における避難誘導
> (3) 外部への救援・救助要請
> (4) 病人・けが人などの緊急輸送
> (5) 事後の危険鎮静化
> (6) 最悪の場合は，海洋建築物からの脱出

想定外事象に備えて，以下のような対策を考える．

(1) 警報システムの配備
　（ⅰ）危険の発生を内部全域に知らせる聴覚・視覚システムを広域配置する．
　（ⅱ）発生場所，発生時刻，状況変化を知らせる情報システムを整備する．

(2) 海洋建築物内部における避難誘導の短縮
　（ⅰ）状況に応じて避難ルートと海洋建築物内部の避難場所を適切に指示する．
　（ⅱ）表示システムを用いて適切な避難誘導を行う．避難ルートでパニックが発生しないように，避難場所が過密状態にならないように配慮する．

（iii）避難場所における食料・飲料・医薬品の備蓄，トイレ・入浴のための準備．
(3) 海洋建築物外部への救援・救助の要請
　（i）ロバスト性とリダンダンシーを有する外部通信システムを構築して，自衛隊，警察，消防，医療などの救援・救助活動を支援する一元管理を行う．
(4) 病人・けが人などの緊急輸送
　（i）ヘリコプターの離発着スペースを確保する．
(5) 危険鎮静化のための対策
　（i）構造部材に被害が及んだ場合，構造システムが不安定になり，さらに大きな被害につながることがないように，ケーブルやブレースなどを使った構造安定化対策が行えるように備える．
　（ii）危険区域を隔離したり切り離したりして，危険区域から物理的に距離をとるような対策を考える．
(6) 海洋建築物の外部への脱出
　（i）十分な数の救命ボートを脱出用拠点に配備する．
　（ii）脱出後の安全確保を確保するための対策を図る．

e. 多重防護システムの構築

> 想定内事象と想定外事象に有効な多重防護システムを構築して，被害の拡大を防止する．

以下のような多重防護システムを構築して，想定内事象と想定外事象に備える．
(1) 構造対策として，二重壁，水密区画，避難シェルターなどの採用を検討する．
(2) 素材対策として，防火・耐火性能に優れた素材や有毒ガス発生防止素材などを用いる．
(3) 設備対策として，消火設備，排煙設備などを整備する．
(4) 避難・脱出対策として，避難・脱出誘導システムなどを整備する．
(5) 事前・事後を通じての監視・管理のために防災センターを設置する．

f. 機能の早期回復（レジリエンス）のための対策

> 想定内事象と想定外事象に対して機能の早期回復を図る．

早期回復のための対策として，以下のような項目が考えられる．
(1) 機能を発現させるネットワークにリダンダンシーをもたせ，一つのルートが使えなくなっても代替ルートに切り替えて機能を回復させる構造・設備システムを構築する．
(2) モジュール構造を採用し，機能喪失あるいは機能劣化が生じた場合は，簡単に新しいモジュールに取り換えることのできる構造・設備システムを構築する．

3.2.5 セキュリティ計画

> セキュリティ計画においては，内部における犯罪の発生と不法者の侵入に対する対策を検討する．

内部における犯罪の発生と不法者の侵入に分け，以下に主な対策を示す．
(1) 犯罪の発生
　帰属する自治体が決まっていれば自動的に所轄の警察署は定まるが，警察官などの犯罪取締りおよび警察事務を行う人員を駐在させておくことは，大規模建築の場合でなければ難しいであろう．海上保安官が離島での警察権を行使できるようになっているが，実際には駐在していない．このため，利用者制限や自衛組織の編成を検討する．
(2) 不法者の侵入
　不法者が侵入することを想定し，利用者制限や周辺海域の監視などを検討する．

3.2.6 医療・健康管理計画

> 規模，サイトに応じた医療および健康管理機能を備える必要がある．居住者が多い場合には，伝染病や精神的なストレスにも対応できるようにする．緊急対応が必要な場合の搬送計画を策定しておく．

医療ニーズとは重篤な急性期対応とは限らず，軽度・慢性の疾病や医学的に疾病とはいえない状態まで多様であり，陸域の生活地域ではそれらへの高度・高密度なサービスインフラが整っている以上，海洋建築といえども同水準のサービスが要求されるのは必然である．陸域におけるこれらのサービスは診療所，薬局，看護および介護サービスなどの複合形態であるが，海洋建築の場合は設置のニーズとコストに応じた施設として計画する．

(1) 急性期対応：救急救命手段

ある程度の規模をもつ客船のように医師が滞在していたとしても，専門外である場合も，設備がない場合もあるので急性期の搬送手段は必要である．救命救急への要請に対応するのは，救急車，ドクターヘリ，飛行機・飛行艇などの手段である．これらは離島・船舶と大きな違いはない．しかし今後 IT（画像・ヴァーチャルリアリティ技術）の進歩により遠隔診断などによる救急医療行為が可能になることも考えられるため，総合的なコスト・パフォーマンスを考えた設備投資を念頭におく必要がある．

(2) 慢性期対応：健康管理手段

最低限の対応として，外科的処置からなんとなく気分が悪いなどの疾患かどうか見極めが難しい状態まで，一次診断が可能な施設をもつことが望ましい．これは学校の保健室と養護教員の配置のようなイメージが参考となる．このような健康管理手段をもつことによって，海洋建築に固有の閉塞感・孤立感からくる精神的な問題へのすばやい対応が可能になるであろう．

(3) 心身のケア

陸域から隔絶された海洋建築の生活環境においては，開放感などを感じるプラス思考の人もいれば，孤立感などを感じるマイナス思考の人もいる．海域特有の動揺・振動，激しい風雨，強烈な日照などの環境条件が健康状態に影響を与えることもある．滞在期間の長短に関わらず，利用者の健康状態の調査は有効である．とくに，居住者，医療施設の利用者，各種施設で働く長期滞在者などに対しては，健康状態や利用満足度を調査し，必要に応じて改善を図ることが大事である．

3.3 構造計画
3.3.1 構造計画の手順

> 海洋建築の構造計画にあたっては，安全性・居住性・機能性を確保できるように，海域特有の自然環境条件に配慮し，以下の手順で進める．
> (1) 自然環境条件と計画条件の適合（サイト選定）
> (2) 構造システムと材料の選定（構造システム選定）

海洋建築物を取り巻く常時の自然環境条件を考えた場合，陸上建築物では季節単位の風（季節風，台風）による揺れを受ける程度であったのに対し，海洋建築物では，常に波による揺れにさらされている．

陸上建築物の場合，安全性（耐震安全性）を確保した設計を行うことにより居住性・機能性（主に風揺れに対する居住性・作業環境維持）は満足されることが多く，安全性の確保が設計上重要といえる．一方，海洋建築物の場合は安全性を確保することで居住性・機能性をも満足できるとはいい難い．したがって，海洋建築物の設計にあたっては，安全性の検討に加えて，適切な居住性および施設機能に応じた作業環境を確保できる構造計画とし，その目標性能と作用リスクについて評価を行う．

以上を考慮した構造計画フローを図3.12に示す．

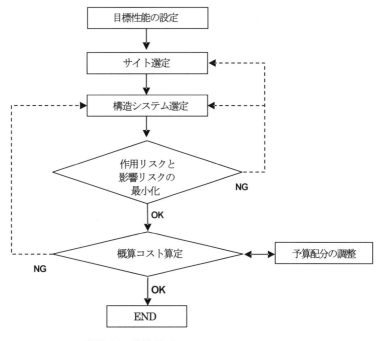

図 3.12 構造計画のフロー

3.3.2 サイト選定

> サイト選定は，作用リスクと影響リスクを最小化する第一段階となる．作用リスクに関しては，候補サイトの自然環境条件を考慮したうえで，リスクを最小化するようにサイト選定を行う．影響リスクに関しては，規模や配置が周辺海域に及ぼす影響を考慮し，リスクを最小化するようにサイト選定を行う．

(1) 海洋建築のリスク

海洋建築に関連するリスク要因は，表 3.3 のとおり分類することができる．サイト固有のリスク要因は構造計画に大きな影響を与える．したがって，十分な検討のもとにサイト選定を行う必要がある．

(2) 海洋建築の構造計画上のベネフィット

海洋建築物の構造計画上のベネフィットとして，以下の項目があげられる．これらの特性がどの程度活用しうるかは，設置海域の特性，とくに前項に示したリスク要因に影響されるため，サイト選定にあたっては，これらベネフィットを最大化するべく検討が必要となる．

（ⅰ）モジュール化

周辺海域の広大性，空間の可変性を活用し，モジュール化した構造体の段階的施工が可能となる．また，それぞれの用途・規模・耐用年数に応じて，モジュールごとの交換・追加・撤去を行うことが可能であるため，システム全体の使用期間を最大化することができる．

（ⅱ）可変性

モジュール間の配置の変更，浮体全体の回転，バラストによる喫水制御や沈設なども可能である．これらの操作によって，陸上建築物では不可能な急速施工，周辺環境の変化に応じた居住性の改善，用途変更への対応，また非常時の安全対策などが可能となる．モジュール間の接合部にダンパー機能をもたせ，居住性の向上に役立てることも可能である．

（ⅲ）可動性

必要に応じて一部のモジュール，または浮体全体を移動させることにより，非常時の陸域支援などの社会変化や自然条件の変化に柔軟に対応できる．

表3.3 海洋建築のリスク要因

リスク分類		リスク要因	構造計画上の検討事項
作用リスク	永続作用	固定荷重，積載荷重，静水力学的荷重（静水圧・浮力），静的係留力，塩害・多湿・日射による影響	構造体の適切な配置・形状 適切な材料・表面処理の選択
	変動作用	波浪荷重，暴風，高潮，地震・海震，津波，流れ荷重（潮流・海流），海面変動，熱格差，降雨・積雪，着氷・流氷（氷海域のみ），落雷	海域環境から予測される荷重強度と発生確率
	偶発作用	施設の火災・爆発，ヘリコプターの落下，浮体（船舶，他の浮体構造物など）の衝突	施設用途，周辺航路や海域利用状況から想定される荷重強度と発生確率
影響リスク	環境影響	海域生態系や水質，水産業への影響	海中部・海底部のシステム・形状・配置
	景観影響	自然景観への影響，夜間の光害，航路標識や操船への悪影響	海上部の適切な規模・形状

3.3.3 構造システム選定

> 構造システム選定は，作用リスクと影響リスクを最小化する第二段階となる．作用リスクに関しては，目標性能を満足するように検討を行い，リスクを最小化するようにシステムを選定する．影響リスクに関しては，システムの形式（着底式・浮体式）や構成が周辺海域に及ぼす影響を考慮し，リスクを最小化するようにシステム選定を行う．

サイト選定を踏まえ，建築物の機能に関する目標性能に基づいて，設計者は安全性や居住性，機能性，経済性，施工性などを考慮して構造システムを選択する．

ここでは，海域に建設される海洋建築物について，構造システム選定のフローを図3.13に示す．また図3.14に，構造システムの選択肢を列挙するとともに，それぞれの特徴についてまとめる．

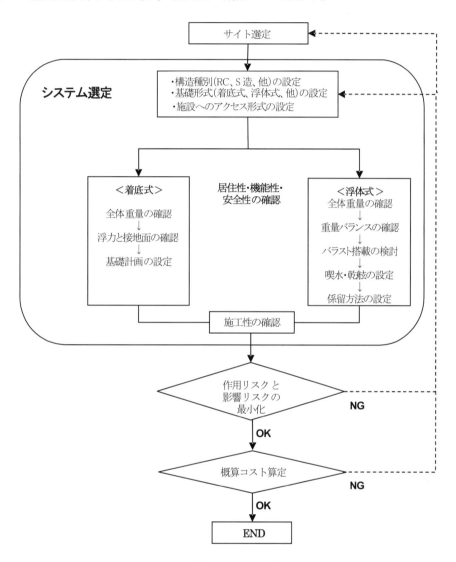

図3.13 構造システム選定フロー

構造形式	着底式			ポンツーン式（一体大規模型）(モジュール連結型)	浮体式	
	ジャケット式 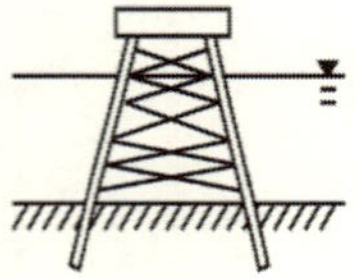	杭式 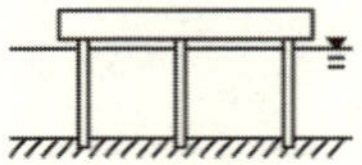	重力式 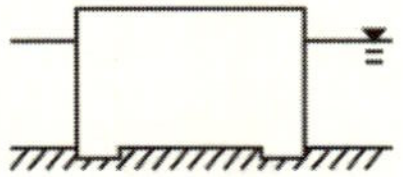 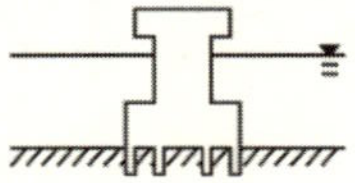	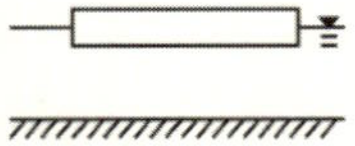 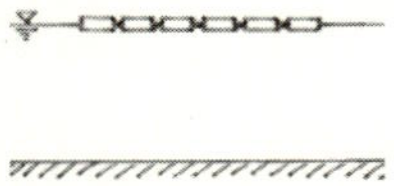	半潜水式（セミサブ） 	テンションレグ式 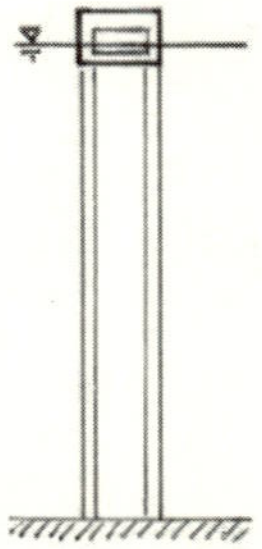
居住性	波浪・潮流の影響は小さく、居住性・機能性が確保し易い。			波浪の影響が大きいため、設置できるのは沿岸部の静穏海域に限定される。ただし構造物が大型規模化することにより、剛体運動は低減する。	海面レベルで海水と接するため、ポンツーン式に比べて動揺特性が有利となる。	浮力と自重のつり合いにより係留索は常時引張力が作用し、上下方向の動揺はほとんど生じない。
機能性						
安全性	ブレースによって水平剛性と通じ抵抗を増大できるが、杭の設計については地盤の不確定要素について十分な安全率を見込む必要がある。	杭の設計については地盤の不確定要素を含め、支持層の地震に対して有利であるが、安全率を見込む必要がある	洗掘防止を含め、支持層状態に配慮する必要がある。	地震に対して有利であるが、海震（粗密波）の影響が予想される。	波浪時には喫水レベルを調整し（残存喫水）、安定性を維持できる。地震に対して有利であるが、海震（粗密波）の影響が予想される。	上下拘束力が大きいため直動地震および海震の影響が予想される。
施工性	鋼材が主となるため、現場の溶接管理や腐食対策が重要となる。	現地曳航ののち支持部を下降させるジャッキアップ式の施工が可能。曳航時のバージが上部デッキとなる。	浅海に限定されるが、ケーソン部を曳航したのち沈設して施工が可能。	ドックで施工し現地へ曳航、あるいはモジュールごとに運搬が可能。	現地へ曳航し、深海域であっても設置が可能。喫水を調整して移動時波浪抵抗を低減できる。	現地へ曳航し、深海域であっても設置が可能。

図3.14 構造システムの特徴

a. 着底式の構造システム

着底式においては，鉛直荷重と水平荷重は，直接基礎または杭基礎によって海底地盤に伝達される．全体重量と浮体および接地面との関係から自立安定性を確認し，基礎計画に反映する必要がある．

ジャケット式や杭式の基礎の場合，主杭の方向により直杭型と斜め杭型とがある．直杭型は杭を海底地盤に鉛直に打設し，その軸方向支持力および横抵抗により，それぞれ鉛直方向および水平方向荷重に抵抗する．斜め杭型は杭を鉛直軸に対し角度をもって打設し，その押込み抵抗力および引抜き抵抗力により作用荷重に抵抗する．

重力式はコンクリートで作られ，海底面に直接設置され，その巨大な自重により安定を保つ．多くの重力式が建設された北海では，厳しい冬季の気象条件により，積み出しが不可能な期間の石油を貯蔵する必要があったため，防波壁や貯油タンクを兼ねたケーソン内隔壁を一体化してつくられた．

b. 浮体式の構造システム

浮体式においては，重量バランスやバラスト搭載の有無，喫水・乾舷の設定などを踏まえて浮体安定性を確認し，構造システムに反映する必要がある．その係留システムについても複数の方法があげられる．ポンツーン型浮体における係留システムには，鋼管杭などで海底に固定される鋼製ジャケットにラバーフェンダーを取りつけたドルフィン係留が一般的に使用されている．ドルフィン係留は一定水深が確保されていれば短期間のうちに安価で建設可能な係留システムである．また，チェーンやワイヤー，合成繊維などを用いる係留索によるカテナリー係留や，半潜水式浮体を垂直緊張係留ラインで海底基礎につなぐ形で大水深海域の開発に適した TLP (Tension-leg platform) などの緊張係留といった係留システムもあるため，設置海域の海域特性に応じて適宜，選択する必要がある．図 3.15 に係留システムの特徴を示す．

	ドルフィン係留		カテナリー（弛緩係留）			テンションレグ	
	ドルフィン（杭式）	ドルフィン（ジャケット式） 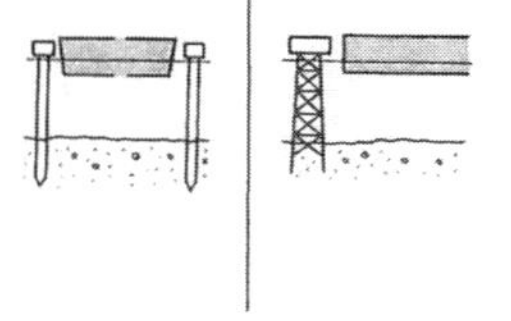	鋼索・鎖係留	鋼索または鎖中間シンカー式	中間ブイ式 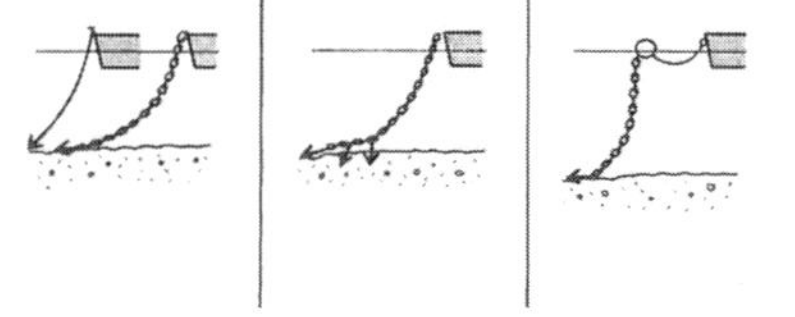	ガイドタワー式	TLP (tension leg platform) 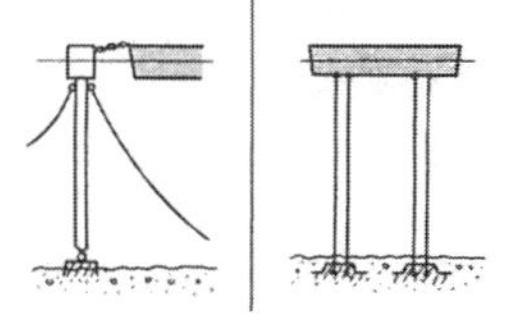
係留方式							
適用水深	～20m	～30m（静穏海域）	～200m	～500m	20～100m	～500m	300m～
コスト	比較的安価		標準的～やや高価			高価	
浮体への影響	拘束力大(防舷材必要)		拘束力中 中間シンカー式:負担重量大 中間ブイ式:上下拘束力小			ガイドタワー式:拘束力小 TLP:上下拘束力大	
保守	鋼管材の場合は腐食対策		ワイヤの腐食、ブイの破損対策			係留索・脚部の保守	
避難脱出	固定桟橋への連結性は良い		救命ボート、ヘリコプター				

図 3.15 係留システムの特徴

さらに，浮体式の場合は動揺に対する居住性確保が重要な目標性能となる．採用システムの特性に応じた動揺軽減ないし制御については，以下のような手法が考えられる．

(1) 浮体形状によって波浪強制力を軽減する方法
　（ⅰ）浮体形状による方法：コラム型，コラム・フーチング型（波なし形状）セミサブなど．
　（ⅱ）波作用の空間的・時間的位相差を利用する方法：一体大規模型など．
(2) 動揺の固有周期を波周期範囲から遠ざける方法：セミサブ，テンションレグ式など．

(3) 動揺を制御する方法：スロッシングタンク，ジャイロ，スタビライザーなど．

c. 材料

海洋環境の下では，波浪や暴風による繰返し荷重，海水による腐食，貝や海草などの付着といったことが問題になる．したがって，海洋建築物の構造材料の選択にあたっては，陸上構造物に要求される基本特性としての強度，剛性，靭性，延性，加工性，接合性のほかに耐疲労性，耐腐食性，耐バイオファウリング性などを兼ね備える必要がある．現在，構造用材料として力学的に信頼性が高く広範囲に使用されているのは陸上構造物と同様，鋼とコンクリートである．また，状況に応じてアルミニウム合金，チタン合金，プラスチック系複合材料，セラミックスなども一部使用されている．

一方で，海洋建築物の信頼性および強度，耐久性などの品質・性能は，設計仕様のみならずコンクリートの打設，プレストレストコンクリート工法，鉄骨加工，溶接，精度保持，各種検査など施工上の技術・方法に負うところが大きいため，十分信頼できる材料および施工方法を選択する必要がある．

d. 施工性

海洋建築物の建設は陸上建築物とは異なり，建造場所がドックおよび海域となるが，GPSを利用することによって所要の精度を確保したサイトへの設置が可能となる．

建設の各過程において気象・海象条件を十分調査，検討するとともに，仮設，工事用資材の運搬計画などや工事中の周辺環境の保全ならびに工事の安全確保などに十分注意して，施工方法，工程計画などを定める．

3.3.4 作用リスクと目標性能

> 計画段階では要求性能に基づいて目標性能を設定し，限界状態を使用限界状態と安全限界状態とに大別する．使用限界状態は居住性と機能性，安全限界状態は部材安全性とシステム安全性とに分けて考え，それぞれに対する再現期間を以下のとおり設定する．
>
> 各限界状態に対する評価指標は，建築物の用途と重要度を考慮して設定する．
>
> (1) 使用限界状態
>
> （ⅰ）居住限界状態　　（荷重レベル0）
>
> 　限界状態：日常的な荷重によって生じる，滞在者の居住性を損なう変形・動揺
>
> 　再現期間：1年
>
> （ⅱ）機能限界状態　　（荷重レベル1）
>
> 　限界状態：施設の使用目的に対して許容されない過度の変形・振動
>
> 　再現期間：5年
>
> (2) 安全限界状態
>
> （ⅰ）部材安全限界状態　　（荷重レベル2）
>
> 　限界状態：構造部材の損傷，降伏，ひび割れなど
>
> 　再現期間：50年
>
> （ⅱ）システム安全限界状態　　（荷重レベル3）
>
> 　限界状態：構造システム全体における安定性の喪失，架構の崩壊
>
> 　再現期間：500年

海洋建築の目標性能は，「3.1.2 a. 要求性能の把握と目標性能の設定」に示したように，居住性，機能性，部材安全性およびシステム安全性に分けられる．建築物の用途や重要度に応じて，適切な限界状態と評価指標を設定する必要がある．具体的な計画フローとしては，図3.16に示す手順で作用リスクと影響リスクの評価と限界状態の設定を行う．

構造システムの選定にあたって考慮すべき影響リスクとして，以下のことがあげられる．

(1) 着底式

　（ⅰ）構造物を建設することにより流況が変化して海岸浸食を招く．さらに周囲の生態系にも影響を与える．

(ⅱ) 構造物周辺の海底地盤の洗掘が進行することにより，海底地形が変化して底生生物に影響を与える．
(ⅲ) 船舶運航の障害になり，衝突などの事故原因になりうる．
(2) 浮体式
(ⅰ) 大規模浮体を設置することにより暗黒海域を生み出し，周辺の生態系に影響を与える．
(ⅱ) 津波や高潮により浮体が陸上に打ち上げられ，陸上施設を破壊する．
(ⅲ) 係留装置の破壊により漂流を始めると，海流や海上風により遠くまで運ばれて国内外に影響を及ぼす．

このような影響リスクを最小化するために，構造システムの配置計画，規模，形状，構造形式，基礎形式，係留方法などに十分配慮する必要がある．

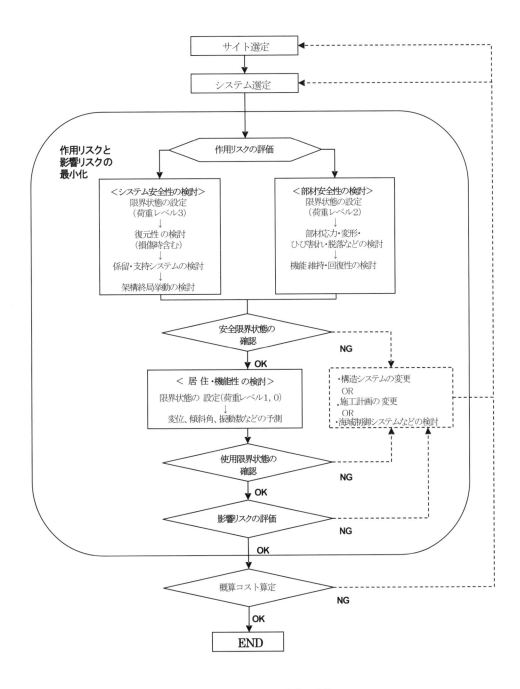

図3.16 作用リスクと目標性能の評価フロー

本指針では，各限界状態に対応する荷重レベルを再現期間の短い順に荷重レベル0, 1, 2, 3と定義する．とくに，作業員といった特別な訓練を受けた人々ではなく不特定多数の人々が利用することになる海洋建築において，安全性とともに居住性・機能性を確保することは不可欠である．海洋建築物に特有の作用である波力・流体力が，居住性・機能性に与える影響とその限界状態（荷重レベル0, 1）を適切に評価する必要がある．

さらに，想定を超える荷重によってある限界状態を超えた場合に，施設として必要な機能性や安全性を一刻も早く回復する能力（早期回復性），仮に設計上の終局荷重を超えた入力であってもシステム安全性を全喪失しない能力（ロバスト性）を適切に有することが求められる．

3.4 設備計画

3.4.1 設備計画の基本

a. サイト選定とシステム選定

> 設備システムの計画においては，環境リスクの最小化を行ってサイト選定の妥当性を検討し，常時リスクと非常時リスクを最小化することにより，システム選定を行う．システム選定にあたっては，インフラフリー（陸域からの自立）を原則とし，陸域との距離に応じて陸域依存のシステムとしてもよい．

周辺の海域・陸域の特性を反映させて設備計画を行う．常時においては，陸域のライフラインに依存しないインフラフリーを基本に考える．ただし，陸域につながっているか非常に近接しているときは，陸域のインフラに依存した計画を行ってもよいものとする．

サイト選定においては，「3.2 建築計画」と「3.3 構造計画」において決定されている海域に対して設備に関する環境リスクの最小化の検討を行い，問題がない場合はシステム選定を実施する．問題が生じた場合はサイト選定の見直しを行う〔図3.17〕．

システム選定は，インフラフリーの場合も陸域依存の場合も，常時リスクと非常時リスクを最小化するように行う．

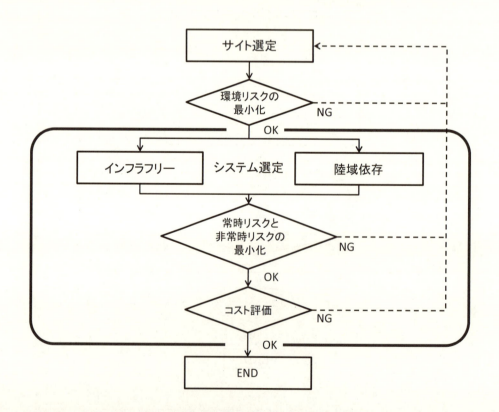

図3.17 設備計画のフロー

b. 常時の設備計画

> 常時においては，陸域のライフラインに依存しない海域でのインフラフリーを基本とする．ただし，陸域との距離が短い場合は，陸域のライフラインに依存する計画を行う場合もある．

　陸域と海洋建築とを結ぶ人・もの・エネルギー・情報の流れと海洋建築内部の人・もの・エネルギー・情報の流れを合理的・有機的に結合した設備計画を行う．人とものの輸送は海路と空路の利用が基本である．ただし，陸域との距離が短い場合は，道路橋の敷設や鉄道の乗入れを検討する場合もある．インフラフリーの実現のためには，海域特性を利用した自然エネルギーの活用と徹底した省エネルギー対策が鍵となる．海域に孤立した海洋建築においては，常時・非常時に関わらず，海・陸・空に広がる情報ネットワークを最大限に活用し，大量の情報のやり取りが即座に可能な有線・無線システムの構築が重要である．

　このような問題を考えるとき，船舶や航空機を交通手段とする島，橋やトンネルで接続する近海の島，狭い地形で接続する半島などにおける現在の生活や設備利用の状況が参考になる．

c. 非常時の設備計画

> 非常時においては，人命確保を最優先とし，一時避難スペースを確保し，重要な機能を維持する．さらに避難・救援を即座に支援できるように計画する．陸域で非常事態が生じた場合の支援および受入れ態勢にも配慮する．

　常時における利用目的に応じた設備システムの選定を行ったとしても，非常時に機能しなくなることもある．海洋建築を利用する人々が，状況に応じて，陸域またはほかの海域へ素早く避難できるように，あるいは数日間滞在して沈静化するまで待機できるように計画しておく必要がある．また，陸域における災害発生などの非常事態に備えて，海洋建築への一時避難や陸域の混乱が落ち着くまでの滞在を受け入れ，かつ陸域で不足するものを提供可能な設備システムを構築する．

d. 設備計画の手順

> 設備計画は，以下の手順で進める．
> (1) 周囲の自然・人工環境にかかわる海域特性の把握
> (2) 環境に準じた設備システムの目標性能の設定
> (3) 目標性能を満足する設備システムの候補選定
> (4) コスト概算に基づく設備システムの絞り込み
> (5) コスト評価に基づく設備システムの最終決定

(1) 海洋建築物の周囲の海域・陸域特性を把握し，設備計画の観点からサイト選定が適切に行われているかを再検討する．設備計画に先立ち，構造計画の観点からサイト選定が行われたとしても，設備計画の立場からサイト選定が不適切と判定された場合は，サイト選定をやり直す．

(2) 設備システムに求められる目標性能の設定を行う．目標性能を設定する際に，海洋建築の設備システムを陸域のインフラから切り離した独立システムとするか，陸域のインフラと接続して従属システムとするか，非常時に陸域・海域で相互機能補完をするシステムとするか，といった基本方針を明確にしておくことが大切である．

(3) 目標性能を満たす設備システムの選定を行う．目標性能の項目とレベルを満たす設備システムを複数選定する．候補が多くなる場合は，取扱いの簡便さ，メンテナンスの手間，寿命などを総合的に勘案して，実装システムの候補を適当な数まで絞る．

(4) 概略コストの算定を行う．性能が満たされていても，高コストになるようでは現実的選択とはいえない．概略コストを算定することにより，目標性能を満たす候補の中から妥当なコストの設備システムをさらに絞り込む．

(5) 詳細なコスト評価に基づく設備システムの決定と確認を行う．イニシャルコストとして建設時のコスト，ランニングコストとして点検・メンテナンス費用や燃料費などを算定し，両者を合算したライフサイクルコストを用いて評価することが一般的である．単位性能あたりのコスト，利用者一人あたりのコスト，施設面積あたりのコストなどを算定する方法もある．収益を求める施設の場合は，減価償却や損益分岐点などの評価も必要になる．

3.4.2 設備システムの計画

　主要な設備として，給排水・浄化設備，発電設備，電気・照明設備，空気調和設備，情報通信設備，廃棄物処理設備を取り上げ，計画段階で留意すべき事項をインフラフリーと陸域のインフラ利用との場合に分けて整理する．他の設備（防火・防災設備，搬送設備など）についても，主要な設備に準じた方法により計画するものとする．

a. 給排水・浄化設備

> 常時にあっては，上水・下水ともに閉鎖型の供給，消費および還元を行う．非常時にあっては，陸域からの補給を考慮する．

(1) インフラフリーの場合

　（ⅰ）雨水利用

　島では，昔から雨水利用が行われており，雨水を貯水することにより，農業用水，雑用水，トイレ排水などに利用している．海洋建築でも同様な利用が考えられるほか，海水使用が禁じられている設備システムのための消火用水などとしても利用できる．発電所や研究施設には，一度，消火用水に海水を用いると，それ以降は施設として利用できなくなるものもあるので注意が必要である．

　（ⅱ）海水の淡水化・ろ過による飲料水，農業用水，工業用水などへの利用

　海水の淡水化・ろ過技術は完成の域にあり，比較的安価に利用できる．雨水利用とともに，用途に応じた適切な海水ろ過を利用することができる．太陽光発電や風力発電をエネルギー源としての使用することで海水の淡水化・ろ過作業を自然エネルギーでまかなうこともできる．海域・陸域の非常時用として飲料水を備蓄しておくこともできる．

　（ⅲ）下水の分解・ろ過による海中への排水

　人の尿を分解・ろ過して飲料に再利用する技術は，スペースシャトルや宇宙ステーションですでに実用化されており，海洋建築の居住者のし尿や生活雑排水を分解・ろ過して再利用することは，技術的に可能である．しかし，海洋建築は周辺を海水に囲まれているので真水の原料は十分にあり，し尿や雑排水を飲料に耐えるまで分解・ろ過する必要はない．自然環境への影響がない程度に分解・ろ過して海中に排水すれば十分である．分解・ろ過にはバイオテクノロジーが有効である．バイオテクノロジーによる微生物分解には安定した温度環境が必要になるが，海水温や太陽光・風力による発電利用により安価で安定したシステムが実現できる．

(2) 陸域のインフラが利用できる場合

　インフラフリーで海洋建築物内部の上水・下水が循環する機能，さらに備蓄する機能があれば，非常時における当面の上水供給と下水処理対策は可能である．海域と陸域が近く橋やトンネルなどのアクセスがある場合は，陸域のインフラを利用したバックアップ用の給排水・浄化設備システムを構築しておくと，海洋建築側の非常時だけではなく陸域側の非常時に対しても有効である．

b. 発電設備

> クリーンな再生可能エネルギーを利用した発電システムを構築する．海域の自然エネルギーとして，太陽光，風力，波力，海流，潮汐，海水温度差などが利用できる．

(1) インフラフリーの場合

　電気・照明設備のエネルギー源は，海洋建築の内部または周辺で生産する．海域で利用できるエネルギー源の選択肢は多い．海洋における発電のためのエネルギー源の特徴は，自然にあるものを利用でき，その量は季節や時間によって変動するものの，総量としては無尽蔵なことである．太陽光や風力をエネルギー源として使用する設備システムは，海洋建築物に分散配置することができる．広大な海洋においては，陸域の風力発電における低周波音問題のような周辺被害も発生しにくい．

　海洋特性を利用した自然エネルギーには，太陽光，風力，海流，潮汐，海水温の温度差などの利用，さらに海底火山がある地帯では，海底火山の温熱利用による地熱発電や温泉利用も考えられる．非常用電源として，バイオ分解で得たエタノールや固化燃料の活用も検討したい．近い将来に開発可能とされる宇宙と海洋を結ぶ，太陽光発電のマイクロ波受電基地なども視野に入れてよいであろう．この技術は，宇宙ステーションの近くに大規模太陽光発電施設を設置し，そこからマイクロウエーブを利用して地上に送電するというものである．これが実用化すれば，上空に静止

した発電設備からマイクロ波で受電できるようになる．
(2) 陸域のインフラが利用できる場合

陸域からのケーブル送電によりバックアップを図る．ケーブルは海底トンネルまたは橋を通す．送電ルートは複数確保し，さらに中継点が分散したものがよい．1系統が何らかの事情で切断してもバックアップできる．

(3) 海域特性を生かしたエネルギー源の活用

(ⅰ) 太陽熱温水器

太陽の照射のある範囲に太陽熱温水器を設置することにより，給湯用や暖房用の温水を作ることができる．海水の熱源と併用するとより効率的である．水温は，季節や太陽の照射具合により変動するが，数十度以上に達する．ヒートポンプ併用で，より効率的に利用できる．塩分を含んだ海風による効率低下や設備の腐食を防ぐために，定期的に清掃などのメンテナンスの必要があるが，広範囲に設置すれば大容量の給湯も可能である．海水による腐食対応が必要になる．飲料や工業用に利用する温水を供給し，熱交換用の温水を循環供給することにより，暖房などの温熱利用の省エネルギーを大幅に改善できる．

(ⅱ) 太陽光発電

太陽光発電の発電効率は，快晴で太陽高度が高く，太陽光線を垂直に受けるという好条件下において，太陽光熱量の20～30%程度と決して大きくない．さらに，発電効率は季節，太陽高度，表面の汚れなどにより大きく変動する．塩分を含んだ海風による効率低下や設備の腐食を防ぐために，定期的に清掃などのメンテナンスの必要があるが，広範囲に設置すれば大容量発電は可能である．海水による腐食対応や，飛来物による太陽光発電パネルの損傷対策が必要になる．太陽光発電パネルの面積は必要に応じて広く設定できること，常時のメンテナンスが不要であることなどを考慮すると，大容量発電は十分可能である．海洋建築での利用のみならず，陸域への通常時供給や非常時の供給にも利用できる．

(ⅲ) 風力発電

風速や風車の大きさにもよるが，風力の運動エネルギーに対して最大発電効率が60%になるというデータがある．ヨーロッパでは海域設置の風車の事例がある．陸域では高さ100m程度の風車が設置されているが，風の振動，海面の振動，台風などによる異常な振動を考慮すると，日本近海で設置する場合は風車の高さに関して十分な検討が必要である．発電効率は犠牲にしても，高さを低くするために，横置きタイプの風車を多数設置するという方法もある．太陽光と同様に，塩分を含んだ海風による効率低下や設備の腐食を防ぐために，定期的に清掃などのメンテナンスが必要である．

高さのある風車の場合は，渡り鳥のルートにあたるかどうかの環境調査も必要である．鳥の目からは，風車のブレードの回転は捉えにくい事象であるため，北海道や東北では，シベリアから往復する渡り鳥がブレードに衝突する事例がしばしばある．さらに，航空機の空港への航路に近い場合は，構造物の高さに制限を受けることになる．赤白の着彩または航空障害灯設置が求められることもある．海洋には他に高い構造物がないため，風車が落雷の被害を受ける危険性も高いので避雷設備の設置は欠かせない．

太陽光発電と同じく，風力発電の施設は必要に応じて広く設定できること，常時のメンテナンスが不要であることなどを考慮すると，大容量発電が可能である．海洋建築での利用のみならず，陸域への通常時・非常時の供給にも利用できる．

(ⅳ) 海水の温度利用

海水の温度は，夏季は外気温より低く，冬季は高い傾向にある．海水に熱交換用のパイプを設置することにより，夏の冷房用の冷水・冷気を作ることができる．冬は，暖房用の温度には低いが，暖房用空調の熱源のベースとして使える．それぞれヒートポンプを併用するとより効率的である．海水の温度を居住施設などの冷暖房に利用できる．

温室による農業ハウスなどの温度調整に利用することもできる．栽培された農産物は，海洋建築内部での利用だけでなく，陸域への移送，非常用食料の備蓄などに用いることができる．廃棄物などのバイオ処理によるエタノール化や固化燃料化のために，温熱環境を整える必要があるが，この場合の温熱を管理することにも使うことができる．これらのエタノールや固化燃料も，海洋施設内での利用，陸域への移送，非常用エネルギー源の備蓄などに用いることができる．実験施設などで，ある範囲の低いまたは高い温度帯を常時求められるものについても，同様に利用することができる．

(ⅴ) 海流・潮汐などの発電利用

　海域の広大さやエネルギーの多さを考えると有望な方法であり，技術的には実現している．海流は，季節によって流域や速度に差があるものの，恒常的に流れている．潮汐も毎日周期的に変化しているが，恒常的に繰り返している．そのエネルギー供給源は，主に地球と月の引力関係によるものであり無尽蔵である．

c.　電気・照明設備

> 電気・照明設備のエネルギー源として海域の自然エネルギーを用いる．使用目的と重要度に応じて常時・非常時の目標性能を設定し，バックアップシステムを準備する．

(1) インフラフリーの場合

　陸上建築物の電気設備設計と同様に用途と重要度に応じて決定する．太陽光や風力などの自然エネルギーの供給を基本とし，徹底した省エネルギー化を追求する．非常時に備え，非常用電源により電気設備が稼働する送電ルートを2系統以上確保する．

　太陽光や風力などの自然エネルギー供給を基本にする．夜間・雨天などの悪天候では太陽光は使えず，風力も安定供給は難しいため，稼働時間中に蓄電しておき，常に照明設備が使えるシステムを構築する．

　照明の種類，照度，色温度などは陸上建築物の照明設計と同様とし，用途と重要度から決定すればよい．省エネルギー化の観点からLEDなどの照明器具を使用する．

　周辺海域の生態系に影響が出ることを考慮し，照明の種類，照度，時間帯などの検討とともに，モニタリングによる実態調査を行う．一方で，照明設備をまったく使用しないか，最小限の使用で運営する計画もありうる．海域は陸域と異なり，周辺施設の照明の影響を受けにくく，晴天であれば，夜間は月や星がよく見える．あえて夜間は照明を使用せず，天文観測施設，極地圏ならばオーロラ観測施設などとして利用する方法もある．暗部を好む動植物の飼育・観察の研究施設などにも利用できる．

(2) 陸域のインフラが利用できる場合

　陸域からのケーブルによる電源や陸域の非常用電源を確保する．送電系統は2系統以上確保する．

d.　空気調和設備

> クリーンで安価な熱源として海域の自然エネルギーを利用した空気調和設備システムを構築する．

(1) インフラフリーの場合

　陸域における通常の空気調和設備設計と同様，海洋建築の重要度と利用目的に応じて適切なシステムを決定する．しかし，非常時には陸域からの補完が期待できないため，非常用電源による非常用設備と2系統以上のバックアップシステムを準備する．

(2) 陸域のインフラが利用できる場合

　陸域からのケーブルによる電源や非常用電源を確保する．系統も2系統以上設置するなど代替ルートを確保する．

e.　情報通信設備

> 情報通信設備は常時よりも非常時を中心に据えて計画する．非常時に備え，常時のときでも非常時の体制にすぐに移行できるような運用を行う．

(1) インフラフリーの場合

　陸域からの距離が離れるほど情報通信設備のもつ役割は大きくなる．常時よりも非常時の体制を中心に計画を立てる．非常時には，常時以上の機能が発揮できるようにする．ロバスト（伝達経路が切断されないこと）でリダンダンシー（複数の伝達経路を確保すること）を有する情報通信設備システムを構築することが重要である．常時においては，無線と衛星回線を利用して，各種情報の授受とテレビ・ラジオ放送の受信などを行う．海洋建築物の規模が大きい場合は，海底ケーブルを使った有線のルートも確保することが望ましい．非常時に備えて，常時においても複数の伝達経路で運用し，即座に切り換え可能な体制を維持する．

(2) 陸域のインフラが利用できる場合

　陸域から通信ケーブルをつなぐ．ケーブルは，海底トンネルまたは橋を通す．非常時対策のために複数の通信手法

とルートを確保しておく必要がある．非常時に有線が切断されても情報通信設備が機能するように，無線や衛星回線を確保する．

f. 廃棄物処理設備

> 廃棄物は，内部処理できるものと外部廃棄とに分別する．内部処理できるものについては，処理設備を設けて再生利用する．外部廃棄せざるをえないものは廃棄物を最小化し，環境負荷を十分低減したうえで陸域に搬送する．

(1) インフラフリーの場合

（ⅰ）太陽光や風力発電を利用して，廃棄物の分解を行う．分解により，肥料，炭化固化燃料，エタノールなどの燃料に転換する．分解の最後に生成される廃棄物を最小限にする．

（ⅱ）少量化したものを焼却することにより環境負荷を低減する．有害物質をすべて除去した後，焼却灰を埋立て処分することもできる．

（ⅲ）廃棄物の中には，不燃物もあり，鉄やアルミニウムのようにリサイクル資源になるものもある．不燃物や固形物については，それぞれの自治体の定める方法に従い，陸域に輸送して処分する必要がある．リサイクル資源については，海洋建築物の内部にリサイクル施設を設置し，再利用できる形に生成してもよい．

(2) 陸域のインフラが利用できる場合

船舶，海底トンネルまたは橋を利用した車両輸送により，可燃物，不燃物，リサイクル資源，固形物などを搬出する．ごみ処理の問題は陸域と変わらない．

3.5 維持管理計画

3.5.1 維持管理計画の基本

> 海域においては，劣化の進行が陸域よりも早く，目視点検が容易でないので，構造・設備モニタリングを援用した維持管理計画を策定し，海洋建築物の安全性・機能性・居住性を維持する．さらに周辺海域への影響は広域に拡散しやすいため，環境モニタリングを行って海洋環境の保全に努める．

海洋建築は立地の特殊性から波浪や潮流，潮位などの影響を受けやすく，モニタリングや点検・調査のためのアクセスが困難であったり，時期や時間が大きく制約されたりする．また，陸上建築物のように高所作業車や簡易な足場を用いて比較的容易に点検・調査を行えないことが多く，潜水士や小型船舶上からの目視や写真撮影により行うのが一般的である．そのため陸上建築物と比べると，モニタリング設備やその範囲に制約を受けやすく，維持管理の効率やコストの面で一般に不利となる．さらに水中部での点検・調査や付着した生物の除去では潜水作業が必要となる．

以上のことから，海洋建築物では全体システムを高い頻度で詳細なモニタリングを行うことが困難であるため，損傷や劣化の発生，進行を察知しにくい一面を有している．また，海洋環境の汚染や破壊などが生じると長期にわたる再生や復元が必要であるため，環境アセスメントを援用するなど詳細な維持管理計画を立案しておく．

3.5.2 モニタリングと検査

> 維持管理計画は，モニタリングと定期検査を組み合わせて策定する．海洋建築の建設，使用，解体撤去およびその後の環境保全を含めたライフサイクルモニタリングを実施する．ライフサイクルモニタリングは非常時と常時に対応できるシステムとする．

海洋建築が長期間にわたって要求される機能を維持し続けるためには，建設，使用，解体撤去およびその後の環境保全を含めたライフサイクルモニタリングと検査を行うことが必要である．また，モニタリングシステムは常時だけでなく，非常時にも重要な機能であるため，対応できる性能とソフト面の対策を整備する．

3.5.3 モニタリングの内容

> 非常時と常時に対応して構造・設備・環境モニタリングを行う．
> (1) 構造モニタリング：非常時の急激な構造損傷の進行と常時の材料の経年劣化
> (2) 設備モニタリング：非常時の故障と常時の性能低下
> (3) 環境モニタリング：水質・流況などの変化および生態系への影響

　海洋建築物には，常時，波浪や風が作用し，塩分や太陽光による影響も大きい．その一方で，海洋建築物の存在が周辺環境に及ぼす影響も無視できない．海洋建築物のモニタリングシステムは振動性状，劣化の進行状況，周辺の海域・陸域に与える影響などについてモニタリングできるよう計画する．モニタリングを継続することにより問題点を洗い出し，モニタリングの結果を反映した修繕や改善を通じて安全性・機能性・居住性に関する性能を維持することは長期間運用にとって欠かせない．海洋建築物における重要なモニタリングの対象を以下に記す．

a.　構造・設備モニタリング

　海洋建築物は，常時・非常時に関わらず，波浪，風，潮汐，海流などの作用により動揺しており，さらに船舶の接岸や内部機器の稼働により振動している．非常時の動揺・振動は安全性に関わるが，常時の小さな動揺・振動であっても，長期間にわたる繰返し作用により，構造部材だけでなく設備機器に劣化や損傷が累積する．モニタリングを継続することにより，構造システムと設備システムの目標性能を維持するための適切な修繕時期を設定することができ，費用と工期を合理的に最小化することができる．

　非常時においては，突発的な地震や津波により大振幅の動揺・振動が生じたり，台風の襲来により強い波浪の動揺・振動が長期間続いたりする．これらは，時として構造システムの破壊や設備システムの故障を引き起こし，早期に修繕・修復を行わないと二次災害・三次災害へと拡大を招くことにもなりかねない．即座に適切な対策をとり，重大な事態を回避するためにもモニタリングは不可欠である．

　海洋建築物は，常時，海水や潮風，強烈な日照により化学的影響を受けている．海水には，塩分のほかさまざまな物質が含まれている．海中部，飛沫帯，海上部でそれぞれ進行状況は異なるが，金属やコンクリートなどの材料の腐食を引き起こす．潮風は陸域の風と異なり，海水の飛沫を多く含むため，海水と同様に材料の腐食をもたらす．さらに，日照に含まれる紫外線が多くの物質の劣化を促進させる．海中部，飛沫帯，海上部の代表的な部位の腐食状況や直射日光に暴露される部位の劣化状況をモニタリングすることにより，構造システムと設備システムの性能を維持することができる．また，状況に応じて合理的に修繕時期を設定することができ，費用と工期を最小化することができる．

b.　環境モニタリング

　海洋建築物および居住者・利用者が海洋環境から受ける影響だけでなく，海洋建築物が周辺の海域・陸域環境に与える影響をモニタリングすることも重要である．海洋建築物の立地によっては，海中・海底への日照条件，温度条件，海流条件に影響を及ぼし，ひいては動植物の分布にも影響することがある．海洋生物の食物連鎖や生物多様性の破壊につながるような建設行為は慎まなければならない．物理・化学的な環境問題だけでなく，海洋建築物の存在による周辺景観への影響に配慮することも大切である．海洋建築物の設置前と設置後の変化をモニタリングすることにより，環境・景観両面から周辺環境への影響を把握し，負の影響度が大きいと判断された場合は適切に対処することが必要である．

　海洋にはさまざまな貝類や藻類など岩や構造物に固着・付着する生物が生息している．海洋建築物を設置する海域により程度は異なるが，海洋生物の侵食の影響は常に受けることになる．海洋建築物の表面には貝類や藻類が固着・付着し，これを放置しておくと，動植物の分泌物などにより表面から徐々に深部へと劣化が進行する．固着・付着を阻止するため，薬剤塗布，通電，定期的清掃などの対策が必要である．

3.6 法制度

3.6.1 海洋建築に関わる主な法制度[3-17]

> 海洋建築の立地する海洋は土地としては扱われないため，その法制度も十分理解しておく必要がある．海洋法関連の国際規約としては，「国連海洋法条約」，国内海洋法としては「領海および接続水域に関する法律」，「排他的経済水域および大陸棚に関する法律」があり，海洋の利用に関しては「海洋基本法」などがある．そのほか海洋の機能や限定された地域などについての個別法がある．

海洋建築の建設にあたって，以下の法制度は知っておく必要がある．

a. 国連海洋法条約（日本；1996年6月7日国会承認，7月20日発効）

領海(12海里)，排他的経済水域(200海里)，公海，接続水域(24海里)，大陸棚(最大350海里)などの海洋の領域を規定している〔表3.4〕．

表3.4 国連海洋法条約の定める沿岸国の主権および管轄権などの概念

		基線	12海里	24海里	200海里	
領土	内水	領海	接続水域	排他的経済水域		公海
沿岸国の主権	沿岸国の主権	沿岸国の主権 但し，船舶は無害通航権を有する	領土・領海内の管理上，衛生上等の法令違反の防止等	①天然資源の開発等に関わる主権的権利 ②人工島，設備・構造物の設置・利用に関わる管轄権 ③海洋の科学的調査に関わる管轄権 ④海洋環境の保護および保全に関わる管轄権		旗国主義に基づく管轄権等
(海底下) 沿岸国の主権	沿岸国の主権	沿岸国の主権	大陸棚 ①天然資源の開発等に関わる主権的権利 ②人工島，設備・構造物の設置・利用に関わる管轄権 ③あらゆる掘削に関する排他的権利 （地形条件によって200海里より延長あり　最大350海里）			深海底 国際海底機構の規則・手続に従う開発の権利

b. 海洋建築にかかわりの深い主な国内法

(1) 領海および接続水域に関する法律(1996年制定)

わが国において，明治3年(1871年)7月，政府は，太政官布告第492号で日本の領海を3海里と規定していた．この3海里は，当時アメリカ，ドイツ，オランダ，デンマークなどの海洋先進国も採用しており，わが国の領海3海里は，1977年に制定された「領海法」で12海里となるまで100年間以上続いたのである．

しかしながら，法律として，1977年の領海法制定以前のわが国には，領海や排他的経済水域の幅を定める明確なものはなかった．しかし，第3次国連海洋法会議が1973年から開催され，領海や排他的経済水域の幅を12海里および200海里とする提案が多数の支持を受けていたこと，また，わが国の沿岸漁業の保護等を図る必要があることから，1977年に「領海法」(12海里)および「漁業水域に関する暫定措置法」の2法を制定した．

その後，国連海洋法条約締結に伴う国内法整備の一環として，「領海法」を「領海及び接続水域に関する法律」に一部改正し，また「漁業水域に関する暫定措置法」を廃して，「排他的経済水域及び大陸棚に関する法律」を1996年7月20日に施行した．その結果，わが国の領海は約43万km^2，排他的経済水域約405万km^2，領海と排他的経済水域の合計は約448万km^{2}となり，世界第6位の広さを有することになった．

領海および接続水域に関する法律の第1条では，「わが国の領海は基線から外側12海里までの海域とし，他の国と重複する海域では中間線とする」としている〔図3.18〕．

図3.18 わが国の領海と排他的経済水域の領域 [3-33]

　領海法において，わが国ならではの特異な規定は，領海法附則2にある「特定海域」である．この附則では「当分の間，宗谷海峡，津軽海峡，対馬海峡東水道，対馬海峡西水道および大隅海峡の5つの海峡，水道は『特定海域』として，その領海は3海里とする」としており，5海峡等に限って領海12海里を3海里に狭めている．この理由は明らかにされていないが，これらの海峡などで両海岸の基線から12海里ずつ取ると海峡などすべてが領海域になってしまい，外国の船舶や航空機は自由に行き来することが困難になる．したがって，国際海峡ともなっているこれらの海峡などの領海を3海里にすることによって，中央部分に排他的経済水域を出現させ，これによって航行が比較的楽になることから，外国との無用なトラブルなどを避ける措置といわれている．

(2) 排他的経済水域および大陸棚に関する法律(1996年制定)

　排他的経済水域および大陸棚に関する法律((以下，「EEZ法」)は，1977年に他国からの漁業に関する制限を定めた「漁業水域に関する暫定措置法」を漁業に限らず経済行為全般を包括した拡大法として1998年に制定された．領海法の全5条より少ない全4条で構成されている．

　EEZ法の第1条は，「わが国は，沿岸国の主権的権利その他の権利を行使する水域として，排他的経済水域を設ける」と宣言し，その幅員を「基線からその外側200海里までの海域とする．他の国と重複する場合は，その中間線とする」と特定している．

　第2条は「大陸棚」に関する条文であり，「わが国の主権的権利その他の権利を行使する大陸棚は，基線から200海里の海域の海底およびその下とする(隣国等との境界は中間線)」と権利と領域を述べている〔図3.18〕．

　第3条では，次の事項をわが国の排他的経済水域，大陸棚の内容とし，それぞれにわが国の法令(現行国内法)を適用するとしている．

　(i) 天然資源の探査，開発，保存および管理，人工島，施設および構築物の設置，建設，運用および利用，海洋環境の保護および保全並びに海洋の科学的調査．

　(ii) 上の(i)を除く，排他的経済水域における経済的な目的の探査および開発のための活動．

　(iii) 大陸棚の掘削．

　(iv) 排他的経済水域および大陸棚に係る水域におけるわが国の公務員の執行およびこれを妨げる行為．

(3) 海洋基本法(2007年制定)

　2007年4月27日に「海洋基本法」(以下，「基本法」)が成立した．国として海洋をどのように扱うかの方針を定めたものである．わが国ではこれまで，後述する港湾や漁港，漁業，海岸などのそれぞれの機能や構造物等に対する法(個別法)はあるものの，海洋全体をどのように捉えて，利用や保全などをしていくかは，国の意思として法律などに明確に示してこなかった．そ

の点からいえば，基本法の成立は画期的といえる．

基本法は，全4章，38条から構成されている．第1条の法の目的では，海洋の持続可能な開発及び利用を実現するために，「海洋の平和的かつ積極的な開発及び利用」と「海洋環境の保全との調和」の2つを掲げている．

その実行のために，第8条から第11条を使って，国，地方公共団体，事業者，国民それぞれの責務を規定し，第12条でこれら関係者の連携や協力を促している．また，海洋の総合的かつ計画的な促進を図るために，第16条では「海洋基本計画」を政府が定め，おおむね5年ごとに見直しを図ることとしている．

基本法の主務大臣(主任)は内閣総理大臣(第37条)となっており，内閣官房の総合海洋政策本部の本部長となる．副本部長は内閣総理大臣の命を受けて国務大臣(第33条／現在は国土交通大臣)が就任し，本部員はすべての国務大臣としている．これからも，基本法がわが国の大きな位置づけになる可能性が大きいといえ，これによって，海洋国としての行動の第一歩を歩み出したといえよう．

(4) 海洋構築物等に係る安全水域の設定等に関する法律(2007年制定)

海洋基本法と同日に成立した「海洋構築物等に係る安全水域の設定等に関する法律」(以下，「安全水域法」という)は，「海洋構築物等の安全及び当該海洋構築物等の周辺の海域における船舶の航行の安全を確保するため，海洋法に関する国際連合条約に定めるところにより，海洋構築物に係る安全水域の設定等について必要な措置を定めるものとする」として，排他的経済水域及び大陸棚に関する法律の第3条1項1号から3号までに規定する行為(天然資源の探査，人工島および構築物の建設，環境調査等)に係る工作物および大陸棚の掘削に従事する船舶(掘削をするために進行を停止しているものに限る)の安全確保のためにつくられた．つまり，海洋構築物などを建設した場合，それが安全に目的を達成させることができるような措置である．

安全水域の幅は，海洋構築物などの外縁のいずれの点から500mを超えるものであってはならず，国際航行に不可欠と認められた航行帯の使用の妨げとなるような海域に設定してはならない．

安全水域法の主務大臣は国土交通大臣であり，国土交通省令で定めるところにより，国土交通大臣の許可を受けなければ，何人も安全水域に入域してはならない．ただし，次の各号のいずれかに該当する場合は，この限りでない．

(ⅰ) 船舶の運転の自由を失った場合
(ⅱ) 人命又は急迫した危険のある船舶の救助に従事する場合
(ⅲ) 国又は都道府県の機関が海上の安全及び治安の確保のための業務を実施する場合
(ⅳ) 当該安全水域に係る海洋構築物等の業務に従事する場合

(5) 海岸法(1956年制定，図3.19)

法の目的は，「津波，高潮津波，高潮，波浪その他海水又は地盤の変動による被害土の保全に資すること」(第1条)とあったが，1999年の改正では，「～防護するとともに，海岸環境の整備と保全及び公衆の海岸の適正な利用を図り，もって国土の保全に資すること」となり，防護に加え，環境および利用の考え方が入ってきた．

つまり，海岸の機能を，これまでの防護一辺倒から，海岸環境の保全や創造および海岸を有効に活用することまで幅広い対応ができるようになったのである．さらに，これまでは海岸保全施設としては認められなかった砂浜を，指定つきの条件ながら認めたり，管理の対象に海岸保全区域以外の海岸も一般海岸として入ってきた．

(6) 港湾法(1950年制定，図3.19)

港湾法の目的は，「交通の発達及び国土の適正な利用と均衡ある発展に資するため，環境の保全に配慮しつつ，港湾の秩序ある整備と適正な運営を図るとともに，航路を開発し，及び保全すること」(第1条)としている．一般に港湾を管理する者を「港湾管理者」といい，港務局または地方公共団体(実態としては，都道府県知事や市長など)がそれにあたる．

わが国の外国との貿易手段は現在でも船舶が圧倒的であり，2007年度実績で，輸出入貨物の99.7%は港湾経由となっているが，貨物輸送はコンテナが主体となり，船舶への積み降ろしは港口(沖合い展開)に集結し始め，湾奥の都市に近い港湾部分は都市開発用地に変わりつつある．ここが現在，ベイエリアやウォーターフロントと呼ばれ，超高層マンションやオフィス・商業施設が盛んに立地しているところである．また，港湾の水域は環境としても重要な場所であることから，港湾法は，2000年3月31日に1973年以来の大きな改正が行われた．港湾は物流が主機能であるが，社会情勢の変化に伴い，効率的，効果的な物流体系の構築が必要になったこと，港湾といっても広大な海域を有することから環境保全に対する施策が求められていること，放置艇対策の推進が求められていることなどから改正された．改正点は，以下の5点である．

(ⅰ) 重要港湾等の定義の明確化(第2条)―重要港湾の見直し．

(ⅱ) 港湾工事の費用に対する国の負担割合の見直し(第42条,第43条及び第52条)—国の負担分の引き下げ(地方公共団体の負担増).
(ⅲ) 港湾相互間の連携の確保(第3条の2)—連携とは,港湾間の機能分担に関する事項,海域の自然的環境の相互的な保全に関する事項.
(ⅳ) 環境の保全に対する取組みの充実(第1条及び第3条の2)—港湾開発に伴う影響の回避,低減または代償措置,生物や生態系などの自然的環境や親水機能などの施策の向上.
(ⅴ) 放置艇対策の推進(第37条の3,第56条の4)—所有者不明の放置艇の売却,廃棄等の処分を行うことが可能.

なお,(ⅰ)に関しては,2011年(平成23年)8月30日に港湾法が改正され,表3.5のような港格が定められた.

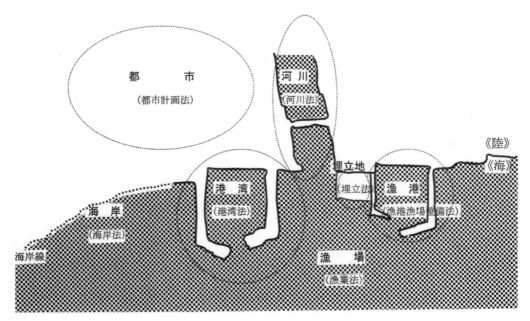

図3.19　海洋に関わる地域の概念図とそれに係る個別法

表3.5　港格一覧[3-18]

区　分	概　要
国際戦略港湾	重要港湾の中でも東アジアのハブ化目標とする港湾
国際拠点港湾	重要港湾の中でも国際海上輸送網の拠点として特に重要な港湾
重点港湾	重要港湾のうち国が重点して整備・維持する港湾
重要港湾	国際海上輸送網または国内海上輸送網の拠点となる港湾で今後も国が整備を行う港湾
その他の重要港湾	国際海上輸送網または国内海上輸送網の拠点となる港湾など
地方港湾	重要港湾以外で地方の利害にかかる港湾
56条港湾	港湾区域の定めがなく都道府県知事が港湾法第56条に基づいて公告した水域
避難港	小型船舶が荒天・風浪を避けて停泊するための港湾

(7) 河川法(1964年制定,図3.19)

1964年(昭和39年)に制定された河川法は,1997年に「次の世紀へ,治水,利水環境の総合的な河川整備を推進」をキャッチフレーズに改正された.改正の要点は,改正前までは「治水・利水の体系的な整備」であったが,改正では「治水・利水・環境の総合的な河川制度の整備」となり,環境が加わった.それは法の目的で,「河川環境の整備と保全がされるようにこれを総合的に管理する」(第1条)としていることからも分かる.

つまり,これまでの河川法は,治水・利水を中心に規定されていたが,「河川環境」(河川の持つ自然環境,河川と人との関わりにおける生活環境)が明確に位置づけられた.今後は,水質,生態系の保全,水と緑の景観,河川空間のアメニティといったものが治水・利水に加わることとなる.また,河川環境の整備と保全の国民的ニーズに応えるためには,地域との連携が不可欠であり,そのため,河川整備を以下の2本立てにした.

（ⅰ）河川整備基本方針—河川整備の基本となる方針．
（ⅱ）河川整備計画—具体的な河川整備に関する事項／地方公共団体の長，地域住民等の意見を反映．

このほか，渇水調整の協議の円滑化を図る「渇水調整の円滑化のための措置」，河畔林・ダム湖畔林によって環境と調和のとれた治水・利水対策を推進させる「樹林帯制度」，原因者に費用負担を課す「水質事故処理対策」，河川管理者が公正な手続きで売却，廃棄，売却代金の保管などを行うことができるようにした「不法係留対策」などを改正の要点としている．

(8) 漁港漁場整備法および水産基本法(2001年制定，図3.19)

2001年6月22日に旧漁港法（1950年制定）は漁港漁場整備法に改正され，また，新たに水産基本法が成立した．わが国の水産業の基本理念と施策の方向性を示したものが水産基本法であり，それらを実現するための水産基盤（漁港，漁場）整備を具体的に規定したものが漁港漁場整備法である．

新たに成立した水産基本法は，国連海洋法条約で提唱されている，自国の排他的経済水域の資源の持続的利用（第61条「生物資源の保存」，第62条「生物資源の利用」など）・管理措置などが基本に定められた．とくに，近年の水産資源の減少は著しく，漁獲高も下落していることから，計画的な水産資源の増加を行い，1955年に113％と最も高かった自給率の約6割しかない現状を向上させるねらいもある．

一方，1950年に成立した旧漁港法は，漁船の安全な係留，漁獲物を迅速に消費地へ送るための漁港整備がその大きな目的であった．しかし，遠洋沖合漁業を対象とする大型船および沿岸漁業の漁船の減少，漁業就業者の高齢化・減少，水産資源の減少という現状を踏まえると，漁港整備だけの法律の意義は薄れていった．法の目的にも，「漁港漁場整備事業を総合的かつ計画的に促進し（略），あわせて豊かで住みよい漁村の振興に資すること」（第1条）となっている．つまり，今回改正された漁港漁場整備法（実態は漁港法の廃法ともいえる）は，その漁港・漁場・漁村を水産資源の増殖から漁獲，陸揚げ流通加工まで一貫した水産物流通システム[3-19]を提示したと捉えられよう．

(9) 漁業法(1949年制定，図3.19)

1949年(昭和24年)制定の漁業法の目的は，「漁業生産に関する基本的制度を定め，漁業者及び漁業従事者を主体とする漁業調整機構の運用によって水面を総合的に利用し，もって漁業生産力を発展させ，あわせて漁業の民主化を図ること」（第1条）としている．ここでいう「漁業」とは，水産動植物の採捕または養殖業であり，海洋ばかりでなく河川・湖沼などの公共の場も含まれる．また，「漁業者」は漁業を営む者で，水産動植物の採取などを直接行う「漁業従事者」とは区別される．

わが国の漁業法で世界にも類を見ない規定として「漁業権」制度（漁業法第6条）がある．漁業権とは，漁業協同組合の会員（漁業者および漁業従事者に限る）に対して，「行政庁の免許によって設定された一定の水面において排他的に一定の漁業を営む権利」である．なお，漁業権とは漁業者等が排他的に漁業を営む権利であり，原則的に水面を占有する権利ではない．

漁業権には以下の3種類がある．
（ⅰ）定置漁業権—漁具を定置して営む漁業〔図3.20〕
（ⅱ）区画漁業権—養殖業〔写真3.1〕
（ⅲ）共同漁業権—一定の漁場を漁民が共同に利用して営む漁業〔図3.21〕

漁業権は，海岸線から沖合に土地のように区画されており，それぞれ漁業協同組合の占用となっている．沖合までの距離はさまざまであり，数百メートルから2キロメートルにまで及ぶこともある．漁業権は免許制で，一般に区画漁業権と共同漁業は10年間，その他の漁業権は5年間を期限とするが，実際には更新を続けて，漁業を行っている間免許は絶えず交付される．そのため，先祖代々漁業権を有している人は多い．

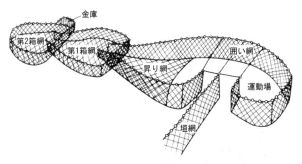

図3.20 定置漁業権の例—定置網漁業

写真3.1 区画漁業権の例－ノリひび建養殖業

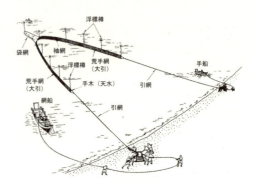
図3.21 共同漁業権の例－地引網漁業

　また，漁業権はほぼ土地と同様の扱いとなっており，漁業法第23条第1項にも「漁業権は，物権と見なし，土地に関する規定（筆者注"民法"）を準用する」と明記され，相続権や抵当権まで認められている強固な権利である．したがって，漁業権が設定されている水域においては，漁業権を有さないものが無許可で水産動植物を採ることはできない．
　なお，漁業権は旧漁法(1910年)にも記され，江戸時代から脈々と続いている制度である．江戸時代は四足の動物を宗教上の理由で食料にできなかったので，動物性たんぱく質を得るため魚介類を漁民に優先的に採取させた経緯からといわれている．

(10) 都市計画法(1968年制定，図3.19)

　「都市の健全な発展と秩序ある整備を図り，もって国土の均衡ある発展と公共の福祉の増進に寄与する」（第1条）目的で，1968年に制定された都市計画法は2002年に32年ぶりとなる全面改正がなされた．改正は，郊外の乱開発に歯止めをかけ，成熟した都市型社会にふさわしいまちづくりをとのねらいがある．海洋空間と都市計画法の関連で最も重要な事項は，後述のように，海洋が都市計画のなかに含まれる空間であるか否かである．
　一般に都市計画の土地利用計画では，海面は「非土地」と定義されている[3-20]．その大きな要因は，海面が土地（不動産）として確定できないからであろう．不動産は，天変地異が起こらない限り，未来永劫に不滅のものととらえられており，海洋のように波・流れ・干満などによって特定できない空間は土地と見なすことはできない．端的にいえば，不動産登記ができない空間は土地とは考えないのである．したがって，都市計画法では，海洋は都市計画区域外とするのが一般的である．しかしながら，土木や建築技術の驚異的な発展は，一部の海洋空間では土地と同様に制御可能な空間として考えられるようになってきたため，ウォーターフロント開発のように土地から一歩海面に歩を進めた開発なども出てきた．改正都市計画法では，以下のように都市計画区域の指定に自由度が高まったため，水際線を包含した土地と海面の利用も促進されるであろう．

　（i）都市計画区域の「市街化区域」と「市街化調整区域」の線引きの判断を，原則的に都道府県に委ねる．3大都市圏以外の線引きの有無を都道府県が自ら選べる．
　（ii）市町村が自ら都市計画区域の外に「準都市計画区域」を設定できる．これは，都市計画区域の外のインターチェンジ周辺で大規模開発が増加することの抑制策．
　（iii）都市部商業地の高度利用を促すため，「特例容積率適用区域制度」を新設．同一ブロック内に在る離れた建物を一体と見なし，敷地面積や床面積を合算，都市計画で定めた容積率を上回る建物の建築を認める．

(11) 公有水面埋立法(1921年制定，図3.19)

　1921年(大正10年)に制定された法律で，海や河川・湖沼などの公（おおやけ）の水域を対象に埋め立てる場合に用いられる．埋め立てをしようとするもの（組織）は，埋立申請書（埋立理由，埋立範囲，跡地の利用計画，資金計画，工事概要等を記載）を作成し，都道府県知事から埋立免許を得る必要がある．高度成長期に埋立ては頻繁に行われていたが，埋立跡地の未利用問題や環境問題などがおこり，現在では民間企業に免許（民間でも埋立ては可能）は下りなくなりつつある．公有水面埋立法では，埋立ての定義について，「埋立ト称スルハ公有水面ノ埋立ヲ謂フ」（第1条）と規定するだけで，埋立ての具体的記述はない．一般に埋立てとは，水流または水面に土砂等を埋築して，これを陸地（埋立跡地）に変更させる行為をいう．したがって，防波堤，導流堤，橋脚などを設置する場合は埋立てには該当しない．これらは，いわゆる工作物設置として許可される．
　一見，埋立てのイメージとはかけ離れているが，以下の2つの行為は埋立てとされている．

　（i）干拓—水流または水面を護岸などで囲って水を排除して，これを陸地にすること．
　（ii）水産物養殖場と乾船渠（ドライドック）：水面のままでも養殖場とドライドックについては，埋立地とする．

3.6.2 着底式に関わる主な法制度

着底式に関わる法制度で，重要な事項の1つは，水域占用許可に関するものである．また，利用頻度の高い杭式建築物は，一般に橋等で陸域と往来していることから，橋端（陸側）の接道要件が満たされる必要がある．

a. 杭式に関わる法制度

杭式に適用される法は建築基準法である．しかし，図3.22(1)のような，海域の杭や海面上の人工地盤を建設する場合は，陸上建築物とはその構造方法，建築材料などが異なるため，安全性を保障するデータなどを国土交通省が指定する指定検査機関に提示して，安全性能を有するという根拠が必要となる（法第68条の25, 26，写真3.2, 3.3）．

b. 杭式と道路等に関わる法制度

建築物の建つ場所が都市計画法の都市計画区域である場合は，人工地盤が建築基準法上の道路（法第42条）に接道（法第43条）しているかが問題となる．人工地盤と道路を結ぶアプローチ（橋梁状のもの）が，直接建築基準法上の道路に接していれば問題ないが，広場・空地などに接している場合は，その広場等が道路に接しているかが問題となる（図3.22(2)）．

c. 埋立て（ケーソン含め）に関わる法制度など

前述したように，海域（河川・湖沼も含む）を埋め立ててその跡地を利用する場合は，公有水面埋立法に則って，都道府県知事から埋立免許を得なければならない．埋立地は水面であれば，どこでも埋め立てられるわけではない．知事から免許を得る（知事が免許を出す）ということは，知事がその海域等の管理者でなければならない．したがって，海岸保全地域，港湾区域，漁港区域，漁業権，河川区域などの管理主体の明確な水面以外は埋め立てることはできない．つまり，管理者のいない海域では，許可を出す管理者がいないため埋立てはできないことになるのである．

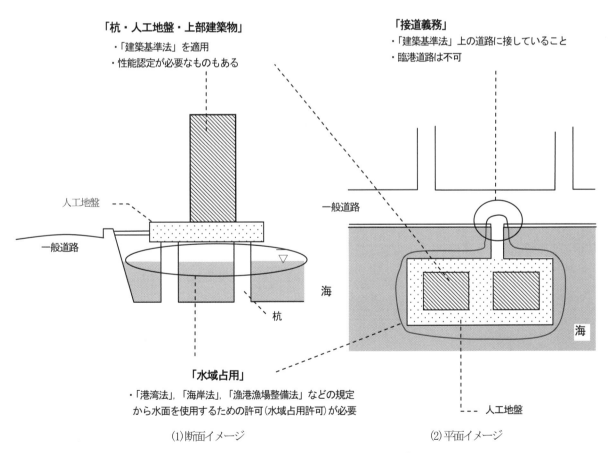

図3.22 杭式（着底式）の建設に関わる法制度

写真3.2 八景島の杭式レストラン(横浜)[3-34]

(港湾区域内であるため，港湾管理者の許可を得て，水域を占用している．)

写真3.3 八景島シーパラダイス全景(横浜)[3-35]

(陸域とは2つの橋によって連絡し，一般道に接道している．)

d. 水域占用に関わる法制度など

海は，国有財産法および地方自治法で，行政財産(譲渡・売買・交換等が禁止されている公有財産)と認められており，国民すべてのもので原則的には私有権などは発生しない．そのため，海域を使用・利用する場合は，十分な理由がある場合に限られ，港湾法・海岸法・漁港漁場整備法・漁業法などの規定(建設する場所により適用法が決まる)により，それぞれの管理者から「水域占用許可」を得る必要がある〔図3.23〕．水域占用の期間は，原則として1年から10年で，継続して使用する場合でも，毎年更新しなければならない．また，水域の使用に対して決められた使用料を支払うことになる．

3.6.3 浮体式に関わる主な法制度

> 浮体式は土地に定着していないため，建築基準法のいう建築物に相当しない．そのため，建設にあたっては，性能検査等によりその安全性を担保させる必要がある．また，不動産にあたらないことから，一般に地番や行政サービスなども受けにくい．

a. 人工地盤に関わる法制度など

海洋建築物のなかで，最も海洋建築らしいものは浮体式であろう．浮力を利用して，人工地盤を海面上に浮かし，潮の干満にも影響されず，移動することも可能であり，人工地盤の規模も小さいものから，超大型のものまで自由に選ぶことができる．ここでは，旧運輸省が行ってきた超大型浮体海洋構造物(メガフロート)を例にとって解説する．

浮体式で問題となるのが，浮体部分の人工地盤(フロート部分)の扱いである．係留索などによって水平方向の移動は制御されているが，潮の干満によって上下するフロート部分が，土地と見なされるかが焦点である．一般に，土地とは不動のものであるとともに，永久性をもっている．しかし，フロート部分は上下動(水平変動も若干ある)があり，さらに人工物ゆえ永久性を有しているとはいえない．前述したように，現行法は海の上に恒久的建築物が建つとは想定していないため，浮体式の人工地盤が土地であるとは明確にいえない．つまり，民法をはじめ，いずれの法においても，土地の法的定義がされていないので，フロート部分は法的に位置づけられないものとなっている〔図3.23(1)〕．

土地であれば，登記の対象となり，地番が得られ，固定資産と認められる．そうなれば，固定資産税等を払わなければならなくなるが，警察・保健衛生・消防・郵便などの各種行政サービスも受けられることになる．メガフロート建設の技術的問題点はあまりないといわれる現在，実現化する前に早急に解決しておかねばならない重要な問題である〔写真3.4，図3.24〕．

b. 上部建築物に関わる法制度など

メガフロートの土地問題は，フロート部分の上部に建つ建築物にも大きな問題である．上部建築物自体は，杭式と同様に建築基準法が適用されようが，そもそも，建築物が建てられるかという問題がある．

建築基準法では，第2条1号で建築物の定義を明確に述べている．それによると，建築物とは，「土地に定着する工作物のうち，屋根及び柱若しくは壁を有するもの(以下略)」と定義され，「土地に定着する」ものであるとしている(民法でもほぼ同様の定義である)．したがって，フロート部分が土地でないと，上部建築物は，屋根や柱などがあっても，法的な建築物ではなく，機械や足場などと同様の工作物扱いになり，人間がその中で活動できないものになってしまうおそれがある〔図3.23(2)〕．

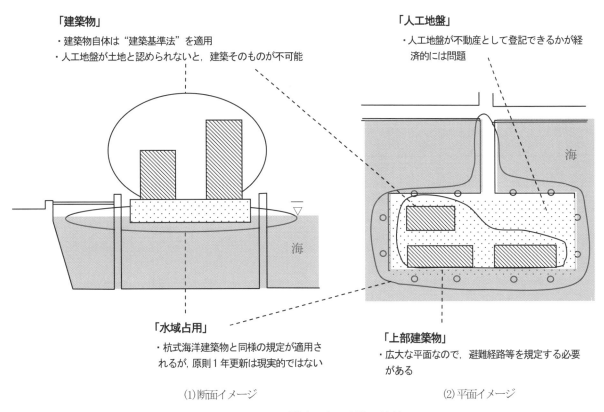

図3.23 浮体式の建設に関わる法制

(1) 断面イメージ　　(2) 平面イメージ

写真3.4　メガフロートの実海域実験(横須賀)[3-37]
(浮体式であるため，法的根拠が難しくなっている．)

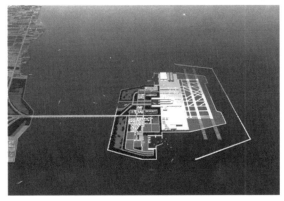

図3.24　空港としてのメガフロートのイメージ[3-38]
(広大な平面のため，配置計画，防災計画等が必要となる．)

c．人工地盤内の建築物の配置に関わる法制度

　現在検討されているメガフロートは，空港などを想定しているため，数百ヘクタールの平面を有している．野球場が約1ha（100m四方）であることを考えれば，いかに巨大なものであるか想像できよう．また，そこには，当然ながらいくつかの建築物が建てられようが，建築基準法には，1つの敷地に複数の建築物が建つ場合，どのように建築物を配置すべきかの方針はほとんど示されていない．唯一といっていいのが，建築基準法第1条6号に，「延焼のおそれのある部分」として，「同一敷地内の2以上の建築物相互の外壁間の中心線から，1階にあっては3m以下，2階以上にあっては5m以下の距離にある建築物の部分」を規定して，それぞれの距離以上の隣棟間隔を持たせることを規定している程度である．メガフロートのように，広大な敷地であれば，隣棟間隔に加え，火災・事故時の避難経路や道幅等の配置計画を十分検討しなければならないが，現行法ではその規定は明記されていない〔図3.23(2)〕．

d．水域占用に関わる法制度など

　広大な水域を占用するメガフロートでも杭式と同様の水域占用許可を得なければならないが，かなりの長期間の占用があらかじめ分かっているメガフロートに，1年から10年更新で許可を取り直すような現行制度は，あまりにも非現実的である．

e. 浮体式建築物の事例：WATERLINE Floating Lounge 水上レストラン（東京・天王洲）[3-21]

(1) 水上レストランの問題点

　東京港で初めて純民間企業が建設した水上レストランが2006年2月に開店した〔写真3.5, 図3.25, 表3.6〕．4本の鋼管杭で水平移動を制御して，干満による上下動は許容するというドルフィン係留方式である〔写真3.6, 3.7〕．

　客席数は約80席であり，2面のガラス壁から品川地区の再開発や交差する運河の景観が楽しめる．また，運河のさらに奥という最良ともいえる立地条件および水域を管理する東京都港湾局が進めている，「運河ルネッサンス21」（遊休運河を観光・レクリエーションなどに積極的に活用する整備，規制緩和によって民間の活力を利用）という整備事業に合致した計画であるがゆえに「水域占用許可」が下ろされたといえる．

　本計画は，技術的問題はそう多くなく，法制度の面からの問題が主であった．大きな問題は以下の2点である．

　（ⅰ）物流機能以外に民間に水域を利用させてもよいか（水域占用許可／前例はほとんどない）

　（ⅱ）建物自体にどのような法律を適応させるか

(2) 水域占用の許可について

　これまで物流機能の水域の私的利用はあったが，物流とはまったく関係ない商業施設の水域利用はまったくないといえる．これが許可された要因は，先に述べた東京都の運河利用の促進政策があるが，そもそもは昭和50年代からの急速な舟運利用の減少である．とくに大都市では，ものの移送手段が船からトラックにシフトしたため，船のための道である運河は利用されなくなっていた．

　東京の運河などは20年あまりほとんど使われず，といって親水施設ということから埋立てもままならなかった．このようなことから，運河の有効利用として今回ようやく民間企業に水域占有許可が与えられたのである．このことは，東京都にもメリットをもたらした．これまで使われなかった運河を利用させることによって水域使用料を徴収できるのである．レストランの場合，1㎡あたりの月額使用料は，水域占用場所の近傍の土地の固定資産評価額の㎡単価に0.0625%を乗じた額とした（ただし，最低額は127円）．東京都の予算規模からしたら微々たるものであるが，無から有を呼ぶことができる手段を見つけ出したのは，地方財政が逼迫している現在において大きな前進といえる．

(3) 法律の適応について

　これまでの浮体式海洋建築物にかかる主な法律は，これまで述べてきたように，建築基準法と船舶安全法である．これらはすべてに同時にかかることから煩雑さ，許可の長期化をもたらし，その結果建設費の増大となった．今回のこの事例では，造船所で浮体部をつくり，その上に建築物を搭載することになったが，浮体部だけに船舶安全法を，建築物に建築基準法を適応させることにした．したがって，これまでのように浮体部と建築物にこれら2法がかかるのではなく，浮体部と建築物それぞれ個別にかかるので実現までの手間は半減し，大きな一歩を踏み出したといえる．

3.6.4　水域占用

> 海域に建築物を建設するにあたっては，海域に対する影響などを勘案して，当該水域の管理者および海域の利害関係者等に，水域占用許可を得る必要がある．水域占用を得たものは，原則として既定の料金を支払わなければならない．

　わが国において，海や運河・河川などの水域は公有物であるが，海洋建築物等で水域を占用する場合には，当該水域の管理者の許可を得て，水域占用料を支払わなければならない．

　これまで海運業，海洋土木業，漁業など特定の事業者を中心に水域占用許可は与えられているが，水域をそれ以外の事業者が使用することはきわめて難しかった．一方，都市に近接する港湾は港湾機能・施設の沖合展開に伴い[3-22]，遊休地や未利用地が増加していった[3-23]．こうした状況を受け，1990（平成2）年に当時の運輸省港湾局長から，マリーナを核としたレクリエーション関係事業のほか，ホテル，レストランおよび駐車場等の事業案件（以下，「新型案件」という）には，ある条件のもと水域を占用してもよいという内容の通達[3-24]が出された．

　また，2005（平成17）年には，東京都において「運河ルネサンス構想***」が策定され「運河ルネサンス推進地区」が指定された．この推進地区は特区的な扱い****を受け，水域占用許可の緩和措置[3-25]がとられた．この措置により，浮体式水上レストラン〔写真3.5〕や民間事業者が自由に使える桟橋〔写真3.8〕が建設された．

　このような取組みは，利用の減少した内港部や運河を良質な市民の憩いの場として利用でき，水辺空間の魅力を大きく向上させるであろう．しかし，水域は公有物であるため，現行法では，特区的な扱いがなければ，水上レストランのような営利目的の施設の建設の許可は下りないため，水域占用を見直すべきだとの声も寄せられている[3-26]．

また，占用許可に加えて，水域占用料の考え方も見直しが求められている．全国の港湾での新型案件に相当する最も高額な桟橋の水域占用料と，占用料算定の根拠となる後背地の地価公示価格を2011年に調査した結果，これらを比較すると，地価公示価格は1㎡あたり14,967円から945,000円の約63倍となっているが，水域占用料は1㎡あたり9円から14,600円の約1,620倍と大きなばらつきがみられた．また，水域占用料は，地価公示価格と比べて非常に低く設定されている[3-27]．今後は，占用料の地域格差の是正が進むと思われる．

写真3.5 水上レストラン外観

写真3.6 係留杭

写真3.7 係留杭と浮体

ドルフィン係留．浮体基盤と杭はローラーを使って接続している．

表3.6 水上レストラン諸元

名称	WATERLINE Floating Lounge
所在地	東京都品川区東品川2-1-先
主用途	飲食店
地域地区	市街化調整区域
	建ぺい率 54.45%*
	容積率 75.19%**
	陸地部の建物データを含めた数字
敷地面積	6597.45m² （陸地部含む）
建築面積	226.85m²
述べ面積	213.31m²
構造・階数	S造，地上1階
杭・基礎	鋼管杭
高さ	最高高4.336m、天井高2.7m

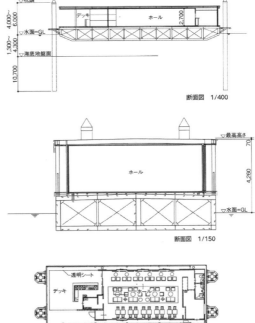

図3.25 水上レストラン図面

写真 3.8 芝浦アイランドの水上バス用ポンツーン

*** 運河ルネサンス構想とは,都市内の貴重な水辺空間である運河やその周辺区域ににぎわいを創出させることで,魅力ある水辺の都市空間を再生させ,観光客を増加させるというねらいがある.
**** 特区的な扱いとは,営利目的のレストランなどでも観光資源になるものであれば占用の許可がおりること.

参考文献

3-1) 岡本強一,小野健,西條修:密度成層を考慮した超大型浮遊式海洋構造物周辺の流動・拡散シミュレーション,日本建築学会構造系論文集,第528号,pp.189-195,2000.2

3-2) 畔柳昭雄,佐々木隆三:平面形から捉えた海洋建築物の形態構成に関する研究 海洋建築物の建築計画に関する研究 その1,日本建築学会計画系論文集,第546号,pp.315-320,2001.8

3-3) PERNICE Raffaele : Japanese Urban Artificial Islands: An Overview of Projects and Schemes for Marine Cities during 1960S-1990S,日本建築学会計画系論文集,第74巻,第642号,pp.1847-1855,2009.8

3-4) 畔柳昭雄,山本慶:海洋建築物の建設経緯と海との関係性に関する調査研究,日本建築学会計画系論文集,第74巻,第644号,pp.2311-2318,2009.10

3-5) 田中信行,宮崎均,近藤健雄:離島の立地特性,産業特性から見た地域構造の評価 離島地域における生活環境評価に関する研究 その1,日本建築学会計画系論文集,第489号,pp.249-254,1996.11

3-6) 畔柳昭雄,大隈健五:離島住民の生活環境に対する意識に関する研究 福岡県大島村における自由連想法を用いた意識調査,日本建築学会計画系論文集,第491号,pp.255-262,1997.1

3-7) 吉田宏一郎,鈴木英之,加藤俊司,加戸正治,住吉弘己:平成12年度セミサブメガフロート実用化のための基礎的研究(99-21),運輸分野における基礎的研究推進制度研究成果報告書(概要版),2001.3

3-8) 山下泰生,岡田真三,島宗誠一,米澤雅之,大野則彦,木下義隆:日照による熱変形と熱応力を考慮した洋上接合技術 -超大型浮体式海洋構造物の洋上接合技術(第2報)-,溶接学会論文集,第25巻第1号,pp.114-121,2007

3-9) 星野邦弘:不均一温度分布による実験構造物の変形と応力,船舶技術研究所報告,別冊第16号,1994.12

3-10) 北澤大輔,藤野正隆,多部田茂:メガフロート・フェーズⅡ浮体の海洋生態系に与える影響に関する研究,日本造船学会論文集,第190号,pp.361-371,2001

3-11) 川西利昌:海岸利用者のための日焼け予防・日除け施設計画マニュアル,港湾空間高度化環境研究センター,2010.11

3-12) 矢野吉治,河本健一郎ほか:海洋における安全色の視認性,日本色彩学会誌,第35巻,SUPPLEMENT,pp.138-139,2011.

3-13) 日本建築学会:建築物の振動に関する居住性能評価指針・同解説,2004

3-14) ISO6897-1984-8 : Guidelines of the evaluation of the response of occupants of fixed structures, especially buildings and off-shore structures, to low-frequency horizontal motion (0.063 to 1 Hz)

3-15) 野口憲一：避難時の歩行支障に関する実験研究および動揺評価値の提案　人間の行動性に基づいた浮遊式海洋建築物の動揺評価に関する研究　その2，日本建築学会計画系論文集，第479号，pp.233-242，1996.1

3-16) 野口憲一：平常時の歩行支障に関する実験研究　人間の行動性に基づいた浮遊式海洋建築物の動揺評価に関する研究　その1，日本建築学会計画系論文集，第456号，pp.273-282，1994.2

3-17) 更科勝規，横内憲久，岡田智秀：歴史的港湾施設の保存に係わる法制度に関する研究　横浜港・函館港を対象として，日本建築学会計画系論文集，第618号，pp.165-172，2007.8

3-18) 国土交通省港湾局インターネットホームページ，http://www.mlit.go.jp/kowan/index.html

3-19) 長野章：新しい漁港漁場整備法と沿岸域管理，Ship & Ocean Newsletter, p.4, NO.59, シップ・アンド・オーシャン財団，2003.1.20

3-20) 日笠端，日端康雄：都市計画，p.118，共立出版，1999

3-21) 運河に浮かぶレストラン，日経アーキテクチュア，2006-3-27号，pp.8-13，2006.3

3-22) 海辺都市再生事業における水際線施設の一体整備に関する調査委員会：水際線施設の一体整備ガイドライン，国土交通省，p.2，2005.1

3-23) 水際線施設設備整備ガイドライン：水際線施設整備方針作成の薦め，ウォーターフロント開発協会，p.4，2007.

3-24) 運輸省港湾局管理課内港湾管理研究会：港湾管理例規集，ぎょうせい，pp.57-71，1993

3-25) 井上尚子：魅力あふれる運河の再生を目指して〜『運河ルネッサンス』の取り組み〜，沿岸域学会誌，第20巻，第1号，日本沿岸域学会，pp.31-35，2007.6

3-26) 水辺空間の有効活用によるみなとの魅力向上促進に関する研究会：研究会の背景と方向性について，国土交通省港湾局振興課，pp.10-11，2008.7

3-27) 石山拓実，加藤悠大，横内憲久，岡田智秀：都市における水域の不動産的価値に関する研究―(その1)港湾区域における新型案件の水域占用料について―，日本建築学会大会学術講演梗概集，pp.1175-1176，2011.8

3-28) 川西利昌，大日野佐：超大型浮体の光ダクトに関する研究，日本建築学会大会学術講演梗概集 A-2, pp.499-500, 2004.8

3-29) 蕪木淳二，中川哲也，堀田健治：海中における色彩視認特性に関する研究　その1　色度の変化特性，日本建築学会大会学術講演梗概集 A, pp.615-1616, 1994.9

3-30) 中川哲也，蕪木淳二，堀田健治：海中における色彩視認特性に関する研究　その2　被験者による視感値調査，日本建築学会大会学術講演梗概集 A, pp.617-1618, 1994.9

3-31) 森鍵竜太，蕪木淳二，堀田健治：水中における色彩視認特性に関する研究　水中照明による色彩再現性に関する研究，日本建築学会大会学術講演梗概集 A-2, pp.233-234, 1996.9

3-32) 北原正章，宇野良二：−傾斜室における眩暈と平衡−　新潟地震による傾斜ビル調査研究，耳鼻咽喉科臨床，58，1960.

3-33) 海上保安庁インターネットホームページ

3-34) 横浜市港湾局インターネットホームページ

3-35) 横浜市港湾局インターネットホームページ

3-36) メガフロート技術研究組合

3-37) メガフロート技術研究組合

4章 設　　計

「3章　計画」で設定した目標性能とサイトに対して，設計では，選定したシステム（構造システム，設備システム）の実現性を適切な検証法を用いて検証する必要がある．本章では，計画段階で設定した安全性，機能性および居住性にかかわる目標性能を確保するために，構造設計および設備設計において検討すべき基本的事項と性能検証法について，海洋建築特有の事項に内容を限定してまとめる．

4.1 構造設計

4.1.1 構造設計の方針

> 海洋建築物では海上部と海中部で要求される性能が異なることから，各部位ごとに適切な荷重条件と目標性能を設定し，以下に掲げる項目を考慮して構造設計しなければならない．
>
> (1) 計画段階で設定した目標性能が確保されていることを適切な検証法を用いて確認する．
>
> (2) 設計に採用する荷重は，「4.1.2　設計用荷重」に示すものとする．変動作用による荷重の大きさは，原則として発生頻度（再現期間）に応じて表示し，以下の4レベルを設定する．
>
> （ⅰ）日常的に作用する荷重（再現期間1年：レベル0）
>
> （ⅱ）しばしば作用する荷重（再現期間5年：レベル1）
>
> （ⅲ）まれに作用する荷重（再現期間50年：レベル2）
>
> （ⅳ）きわめてまれに作用する荷重（再現期間500年：レベル3）
>
> (3) 各荷重レベルに対する目標性能として，以下の限界状態を設定する．
>
> （ⅰ）居住限界状態
>
> （ⅱ）機能限界状態
>
> （ⅲ）部材安全限界状態
>
> （ⅳ）システム安全限界状態
>
> (4) 目標性能に対する構造性能の検証は，解析，実験などの適切な検証法に基づいて行うものとし，建設時，使用時および解体撤去時に想定される荷重の組合せに対して限界状態に至らないことを確認する．ただし，建設時および解体撤去時においては実情に応じて一部の性能の検証を省略することができる．
>
> (5) (2)で設定した設計上の想定レベルを超える荷重に対しても，ソフト対策を含め，人命の安全を保証できる設計とする．
>
> (6) 耐久性に関しては，計画使用年数をあらかじめ設定し，その期間中適切な維持管理を行うことを前提にした耐久設計を行う．

海洋建築物の構造設計は，各荷重レベルに対して人命の安全と建築物機能の維持および居住性の確保が達成できるように行うものとする．そのため，建築物の用途・目的に応じた目標性能を設定し，その目標性能が確保されていることを適切な解析法または実験に基づいて検証する．

海洋建築物の構造形式は着底式と浮体式に大別されるが，いずれも海上，飛沫帯，海中，海底で厳しい環境荷重を受け要求される性能も異なることから，「3章　計画」において述べたように，作用リスクと影響リスクを最小化する適切な構造システムと材料を選定したうえで，各荷重レベルで要求される目標性能を満足するように構造設計することが求められる．

a. 作用リスクと設計用荷重

永続作用，変動作用，偶発作用に分類される作用リスクに対して設計用荷重を設定し，適切な荷重組合せのもとで安全性や使用性を検証する．変動作用に対しては，荷重レベルごとに再現期間に基づいて荷重の大きさを設定する．

b. 荷重レベルと設計用荷重

(1) レベル0の荷重（再現期間1年：日常的に作用する荷重，目標性能：居住限界状態）

居住性や作業の能率性を損なうような不快な変形や動揺・振動が生じないことを確認する．とくに浮体式建築物に

おいては，動揺に対する居住性によって設計が決まる場合もありうるので，動揺の大きさや特性を予測しておくことが必要である．

(2) レベル1の荷重（再現期間5年：しばしば作用する荷重，目標性能：機能限界状態）

構造物各部に生じる応力や変形が建築物としての機能性を損なわない範囲にあることを確認する．とくに海中部にあるコンクリート部材では，あらかじめひび割れを抑制するような，また鉄骨部材では応力や変形が降伏限度以下にとどまるような配慮が海水の浸入防止の観点から重要である．

(3) レベル2の荷重（再現期間50年：まれに作用する荷重，目標性能：部材安全限界状態）

主要構造部材に損傷が生じないことを確認する．とくに海上部にある部材において，塑性化を許容した方が合理的であると判断される場合には，十分な変形能力を有することを前提に塑性化を許容してもよい．

(4) レベル3の荷重（再現期間500年：きわめてまれに作用する荷重，目標性能：システム安全限界状態）

構造システム全体の破壊が生じないことを確認する．海中部については海水の浸入を防止し，一部の部材の損傷がシステム全体の連鎖的崩壊に至らないような配慮が必要である．

(5) 想定荷重レベルを超える荷重

想定荷重レベルを超える荷重に対しては，人命の安全確保を最優先とし，そのための緊急時避難マニュアルの作成と定期的な避難訓練の実施などのソフト対策のほか，海中にあっては水密隔離室や緊急脱出設備などを装備するなどの対策を講じる．

c. 耐久設計

使用期間において目標性能を満足するように，ライフサイクルマネジメントの概念に基づいて計画使用年数をあらかじめ設定し，その期間中適切な維持管理を行うことを前提にした耐久設計を行う〔5.2維持管理 参照〕．

d. 構造性能と評価指標

目標性能は，荷重レベルの小さい順に居住性，機能性，部材安全性，システム安全性の各限界状態に対して与えられる．構造性能の評価指標となる設計パラメーターとして，以下のものが考えられる．

(1) 居住性（荷重レベル0）

評価指標：変位，傾斜角，加速度，振動数など

(2) 機能性（荷重レベル1）

評価指標：変位，加速度，振動数，限界状態からの早期回復性など

(3) 部材安全性（荷重レベル2）

評価指標：部材応力，変形，ひび割れ，脱落，限界状態からの早期回復性など

(4) システム安全性（荷重レベル3）

評価指標：構造システム全体の安定性，終局挙動，想定を超えた荷重に対するロバスト性など

各荷重レベルにおける目標性能と評価指標との関係を表4.1に示す．

表 4.1 目標性能と評価指標

	限界状態の定義	再現期間	動揺・振動・変位の程度	機能維持の程度	被害の程度	要する修復の程度
使用限界状態	居住限界状態 （荷重レベル 0） 居住性維持 無被害 修復不要	1年	居住性を維持するための動揺加速度、傾斜角制御。	日常的な居住・作業環境の維持。		
使用限界状態	機能限界状態 （荷重レベル 1） 施設機能維持 無被害 修復不要	5年	施設内作業に支障をきたさないための動揺加速度、回転角制御。施設機能に支障をきたさないための変形、応力制御。	主要な施設機能の維持。	残留変形は生じず、構造安全性に影響はない。仕上材などの外観上の軽微な損傷を受けるが、機能性は損なわれない。	構造安全性確保のための補修は要しない。仕上材などの軽微な補修を施せば、建物の機能はほぼ完全に維持される。
安全限界状態	部材安全限界状態 （荷重レベル 2） 限定機能確保 係留・支持システムの安全性維持 補修または建替えによる機能回復	50年	救急活動・避難所として利用可能な環境を維持。	限定された区画内での救急活動・避難所などの指定機能の維持。	残留変形は生じるが鉛直荷重支持能力は保持する。仕上材などに相当の損傷が生じるが、人命に危険を及ぼす脱落はしない。係留・支持システムの安定性は損なわれない。	補修または建替えによって、施設の機能がほぼ回復される。係留・支持システムは、軽微な補修によって安全性を維持できる。
安全限界状態	システム安全限界状態 （荷重レベル 3） 人命確保 海洋構造物のシステム維持 係留・支持システムの安全性維持 修復は困難	500年	一時的な救急・避難活動以外は困難。	避難完了するために十分な時間を確保する。	大きな損傷は生じるが、倒壊は防ぐ。係留・支持システムの喪失・崩壊は防ぐ。	施設の復旧は困難。建替えを要する。係留・支持システムは、大規模な補強・補修を要するが安全性は復旧可能。

4.1.2 設計用荷重
a. 荷重の分類

> 海洋建築物に作用する荷重は，永続作用，変動作用，偶発作用の3つの作用に大別することができる．とくに変動作用に属する荷重は重要であり，自然環境条件を十分に調査し，設置海域の特性を把握しておく必要がある．
> (1) 永続作用
> 海洋建築物の使用期間中に継続的に作用する静的荷重である．固定荷重と積載荷重のほかに，海域特有の永続作用として静水力学的荷重，静的係留荷重などがある．
> (2) 変動作用
> 海洋建築物の設置海域における気象・海象または地象により，海洋建築物の使用期間中に断続的に作用する動的荷重である．荷重の大きさは，自然現象の再現期間により表示する．波浪荷重，風荷重，地震荷重，津波荷重，海震荷重，流れ荷重，氷荷重，雪荷重，雨水荷重，温度荷重などがある．
> (3) 偶発作用
> 人為的要因により生じる荷重であり，発生確率は小さいが，いったん発生するとその被害は甚大である．衝突荷重，爆発荷重，火災荷重などがある．
> 以上の荷重を合理的に組み合せることにより，海洋建築物の設計を行う

本指針の荷重は ISO 2394 に準じて設定した．ISO 2394 は，陸域の構造物に作用する荷重を永続作用，変動作用および偶発作用に分類している．本指針では，陸域にはない波浪荷重や流れ荷重といった海域独特の荷重も含めて3つの作用に分類した．

b. 永続作用
(1) 固定荷重

> 固定荷重は，海洋建築物を構成する構造材と非構造材の重量，海洋建築物に恒久的に設置される家具・什器，設備機器などの重量による荷重である．用途変更や大規模修繕を除けば，ライフタイムを通じてほとんど変化しない．固定荷重の算定は，陸上建築物に準じるものとする．

固定荷重は，時間の経過に関係なく長期間にわたり海洋建築物に作用する荷重である．固定荷重の種類および算定は陸上建築物に準じる．海洋建築物に特有の固定荷重として固定バラストの重量がある．洋上での建設においては，固定荷重の重量バランスが重要となる．

(2) 積載荷重

> 積載荷重は海洋建築物の用途に応じた移動積載物（人やもの）の重量により生じ，一定期間継続して静的に作用する荷重である．積載荷重の算定は陸上建築物に準じるものとする．

積載荷重は，海洋建築物の内部および外部に一定期間継続して作用する荷重である．積載荷重の種類および算定は陸上建築物に準じる．海洋建築物に特有の積載荷重として変動バラストの重量がある．浮体式の設計においては，浮力と変動バラストとの調整が必要となる．洋上での建設段階においても，積載荷重による重量の調整は重要である．

(3) 静水力学的荷重

> 静水力学的荷重は，海面からの水深に比例して線形的に増加する静水圧の作用により生じる荷重である．構造物の左右で静水圧分布に差があると水平力となって作用する．構造物の上下で静水圧分布に差があると浮力となって作用する．

静水力学的荷重は，時間の経過に関係なく海洋建築物に作用する静水圧の作用により生じる分布荷重である．津波や潮流などの流れを受ける場合や設置海域に曳航する場合，前方と後方で静水圧に差が生じることに留意する必要がある．

(4) 静的係留力

静的係留力は，浮体の状態にかかわらず常時作用する荷重である．緊張係留やカテナリー係留では，係留索の軸方向に引張力として作用する．

浮体に作用する係留力には，静止時に作用する静的係留力と浮体運動により作用する動的係留力がある．緊張係留あるいはカテナリー係留の係留力は，係留索結合部に係留索の軸方向に引張力として作用する．

c. 変動作用

(1) 波浪荷重[4-1]

波浪荷重は，海水と接する部分に波浪作用により発生する荷重である．設置海域の気象・海象条件や波浪統計を十分に考慮し，波浪荷重を評価する．波高，波周期および波向きなどをパラメーターとする．荷重レベル0〜3の4段階を設定する．

波浪荷重は，海洋建築物が海水と接する部分に波浪作用により発生する荷重である．波浪は海上風から海水へのエネルギー移送により発達する．風域の中で発生する波浪を風波とよび，高振動成分を多く含んでいる．風域の外に伝播した波浪をうねりとよび，高振動数成分は減衰し低振動数成分が支配的になる．一般に設置海域における波浪荷重は，風波とうねりが混じる不規則外乱となる．

波浪は一般に多くの成分波が合成された不規則波であり，その波高，波長，波周期および波向などによって特徴づけられる．不規則波の特性は波浪スペクトルまたは代表波で表す．代表波としては，最大波または有義波を用いる．波浪スペクトルは波高，波周期および波向の関数として表される．

不規則波は，波浪統計を用いて表現される．波高および波周期に関する結合頻度分布の統計で表される．波浪統計は，不規則波中における海洋建築物や船舶の波浪荷重の算定に用いられる．図4.1に日本近海における波高の波浪統計図を示す．設置海域における波高と主方向の分布がわかる．

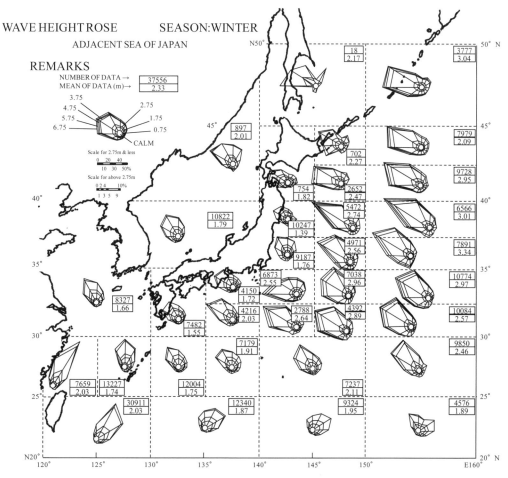

図 4.1 日本近海の冬季における波浪統計[4-73]

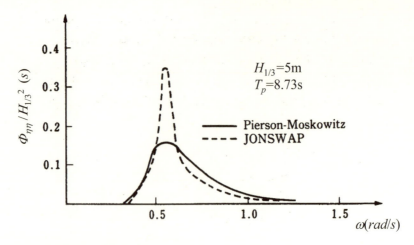

図 4.2 Pierson-Moskowitz および JONSWAP の波浪スペクトル[4-74]

波浪スペクトルは，不規則波としての波浪を周期ごとのスペクトルで表したものである．代表的な波浪スペクトルとして，図4.2 に示す Pierson-Moskowitz や JONSWAP の波浪スペクトルなどがある．

Pierson-Moskowitz は，十分に発達した風波の広範なデータを解析し，次式の波浪スペクトルを提案した．

$$\Phi_{\eta\eta}(\omega) = \alpha \frac{g^2}{\omega^5} \exp\left\{-\beta\left(\frac{g}{\omega U}\right)^4\right\} \tag{4.1}$$

ここに，$\alpha = 8.10 \times 10^{-3}$，$\beta = 0.74$，$\omega$ は円振動数(rad/s)，g は重力加速度(m/s^2)，U は海面上 19.5m の風速(m/s)である．

JONSWAP スペクトルは，吹走距離が限定された比較的狭帯域のスペクトルである．風速と吹走距離による式と有義波高と有義波周期による式の 2 種類がある．

・風速と吹走距離による式

$$\Phi_{\eta\eta}(\omega) = \frac{\alpha g^2}{\omega^5} \exp\left\{-\frac{5}{4}\left(\frac{\omega}{\omega_m}\right)^{-4}\right\} \gamma^{\exp\left\{-\frac{(\omega-\omega_m)^2}{2\sigma^2\omega_m^2}\right\}} \tag{4.2}$$

ここに，$\alpha = 0.066\tilde{X}^{-0.22}$，$\tilde{X} = Xg/U^2$，$X$ は吹送距離(m)，U：風速(m/s)，$\omega_m = 2\pi \cdot 3.5g\tilde{X}^{-0.32}/U$ はスペクトルのピーク円振動数(rad/s)，$\gamma = 3.3$ である．また，α はピーク周波数と円振動数の関係より決まる値である．

$$\sigma = \begin{cases} 0.07, & \omega \leq \omega_m \\ 0.09, & \omega_m < \omega \end{cases}$$

・有義波高と有義波周期による式

$$\Phi_{\eta\eta}(\omega) = \frac{\alpha H_{1/3}^2}{T_p^4(\omega/2\pi)^5} \exp\left\{-\frac{5}{4}\left(\frac{T_p\omega}{2\pi}\right)^{-4}\right\} \gamma^{\exp\left\{-\frac{(T_p\omega/2\pi-1)^2}{2\sigma^2}\right\}} \tag{4.3}$$

ここに，$\alpha = 0.0326$，$\gamma = 3.3$，T_p は ω_m に対応するスペクトルのピーク周期で，近似的に $T_p \approx 1.05 T_{H1/3}$ の関係がある．また，$T_{H1/3}$ は有義波高の周期である．

代表波は，不規則な海面の波群を規則波で代表させた波である．代表波には，有義波，平均波，1/10 最大波，および最高波がある．波浪荷重の評価では，有義波を用いるのが一般的である．有義波の波高は有義波高と呼ばれる．有義波高は，波群のうち波高の大きい方から数えて 1/3 までの波高の波を平均した波として表される．有義波周期は同じ波についての波周期の平均で表される．有義波高は，$H_{1/3}$ または H_S で表す．最高波は波群の中で最大の波高の波であり，波高は H_{max}，周期は T_{max} で表す．

代表波の波高および周期は，観測記録を参照して求めることができる．波高は，波浪スペクトルを全振動数に関して積分して算定される n 次モーメントの 0 次として算定できる．

$$m_n = \int_0^\infty \Phi_{\eta\eta}(\omega)\omega^n d\omega \tag{4.4}$$

有義波高および1/10最大波高は，それぞれ以下の式で表される．

・有義波高

$$H_{1/3} = 4.0\sqrt{m_0} \tag{4.5}$$

・1/10最大波高

$$H_{1/10} = 5.1\sqrt{m_0} \tag{4.6}$$

海洋建築物の応答評価では，短期波浪条件と長期波浪条件を考慮する〔4.1.4 e.(2)波浪環境 参照〕．

(2) 風荷重[4-2]、[4-3]

> 風荷重は，海洋建築物の海上部分に風により作用する荷重である．陸域に比べ風速が大きくなること，暴風時には波浪荷重と風荷重が同時に作用することに注意する．風速は，海面からの高さのべき乗則で評価する．風荷重の影響として，抗力，揚力，渦励振などに注意する．荷重レベル0～3の4段階を考慮する．

海上においては陸上の地形や建築物などの風を遮るものがないため，風速は陸域よりも大きくなる．海上における風は，冬季の低気圧などによる強風の場合，平均風速は平面的にほぼ一様と見なされるが，夏季および秋季の台風による中心付近の強風の場合は，平面的に大きく変化する．風荷重の算定においては，台風情報も含め過去の気象データを考慮することが重要である．日本国内において多数の人的被害を及ぼした台風の経路および人的被害を図4.3, 4.4に示す．

海上における風速の高さ方向の分布は，一般的に海面上10mを基準高さとした次式により算定する．

$$U(z) = U_r(z/z_r)^{1/n} \tag{4.7}$$

ここに，U_rは基準高さにおける風速，z_rは海面からの基準高さ，zは海面からの高さ，$1/n$はべき指数である．海面では，$n=7$がよく使用される．

海洋建築物を設置する場合，ある期間における各方位の風向および風速の頻度を表した図4.5に示すような風配図を用いる．設置海域における風向の主方向と分布がわかる．

海洋建築物への荷重影響として，風荷重は通常，静的荷重として考える．風荷重は，風方向の抗力成分と風直交方向の揚力に分けて評価する．海洋建築物の全体形状が細長の場合，または細長形状を有する部位がある場合，強風により建築物または部位の両側後方に交互に生じる渦の影響により風向きと直交方向に振動を生じるため，必要に応じて渦励振に対する考慮が必要になる．また，風荷重の繰返し作用による海上部分の累積疲労に留意することも必要である．

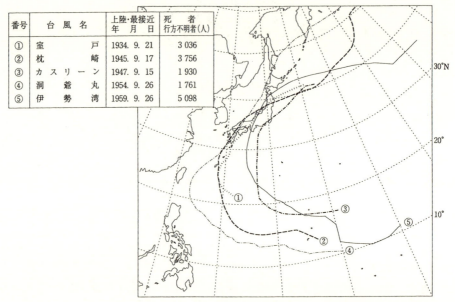

図4.3 死者・行方不明者1,500名以上の被害を及ぼした1981年以前の台風の経路[4-4]

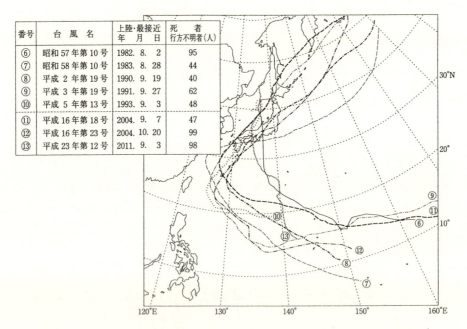

図4.4 死者・行方不明者40名以上の被害を及ぼした1982年以降の台風の経路[4-4]

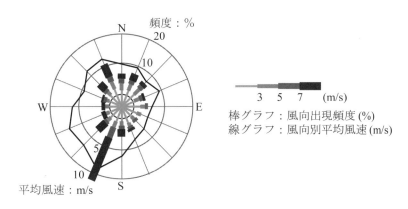

図 4.5 風配図の例

(3) 地震荷重

> 地震荷重は，地震により励起される海底地盤の水平・鉛直運動に伴い発生する荷重である．荷重影響として，構造体自体の慣性力により生じる荷重だけでなく，構造物と海水との相互作用，構造物と海底地盤との相互作用などを適切に評価する．荷重レベル1～3の3段階を考慮する

海水は地震波のせん断波を伝達しないため，自由浮体の場合は理想的な免震構造となる．着底式の場合は，陸上建築物同様，その荷重影響はきわめて大きくなる．地震荷重は設置海域周辺の地震活動度に基づき，マグニチュードや再現期間を考慮して設定する．日本周辺の過去の震央分布を図4.6に示す．

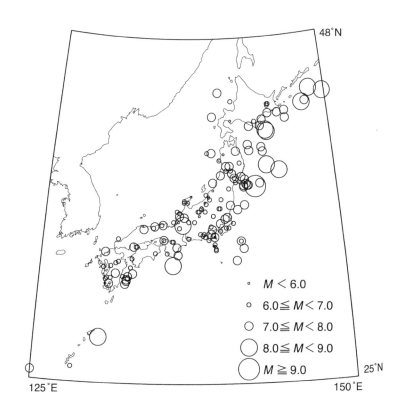

図 4.6 1885年以降の日本付近の主な地震の震央[4-4]

地震荷重の評価にあたっては，構造物と海水との相互作用，構造物と海底地盤との相互作用，係留装置からの地震入力および氷海域における地震荷重の増幅などを考慮する．海水中での構造物の振動に伴い，周辺の海水からの抵抗力として生じる動水圧の影響を考慮する必要がある．一般的には付加質量として評価する．

着底式の場合，海底地盤と海洋建築物との動的相互作用を考慮する．直接基礎の場合はスウェイ・ロッキングモデ

ル，また杭基礎の場合はPenzienモデルをそれぞれ用いる．浮体式の場合，係留装置からの地震入力を考慮する．

氷海域における地震荷重の増幅は，着定式の場合も浮体式の場合も考慮する．海面付近の流氷による動水圧の閉じ込め効果を評価する．

海洋建築物の地震荷重に対する応答評価は「4.1.4 c.(1)(ⅱ)地震時の流体力」に示している．

(4) 津波荷重

> 津波荷重は，津波により海水に接する部分に作用する荷重である．近地地震と遠地地震により発生した津波が，外洋での伝播過程および設置海域の局所地形により発達・減衰する状況を適切に予測し，津波荷重を評価する必要がある．荷重レベル1～3の3段階を考慮する．

津波は震源が30km以浅のマグニチュード6以上の地震のほか，海底火山，海底地すべりおよび陸域の火山の噴火による巨大岩石の海面への落下により発生する．地震による場合は，海底地盤の隆起あるいは陥没に伴う海底面の変位に伴って海面が変形し，波として伝播する．日本国内に甚大な被害を及ぼした主な地震津波を表4.2に示す．
海洋建築物への荷重影響として，津波発生域の広がりと海底地盤の変形，水深，海底地形，海岸地形などによる波向，波速，波高，波長などの変化を考慮する．

海洋建築物を津波が作用する可能性のある海域に建設する場合は，形状などに配慮した荷重低減を行うか，一時的に安全性を確保しうる避難場所の確保，フェールセイフシステムの導入などの対策が必要である．

表4.2 日本国内に甚大な被害を及ぼした地震津波 [4-5]

| 発生年月日 | | 波源域 | マグニチュード | | 影響範囲 | 犠牲者数（人） |
西暦	和暦		地震	津波		
684.11.29	天武12	東海・南海道沖	8.4	3	東海～南海道	
869.7.3	貞観11	三陸沖	8.6	4	三陸	1,000
887.8.26	仁和3	紀伊沖	8.6	3	四国・紀伊・大阪	
1096.12.17	永長1	東海道沖	8.4	3	伊勢・駿河	
1099.2.22	康和1	南海道沖	8.0	3?	南海道	
1361.8.3	正平16	紀伊沖	8.4	3	四国・大阪	
1498.9.20	明応7	東海沖	8.6	3	伊勢・東海・関東	5,000
1605.2.3	慶長9	房総・南海道沖	8.0	3	南海道・東海・房総	3,800
1611.12.2	慶長16	三陸沖	8.1	4	三陸・北海道	6,800
1677.11.4	延宝5	房総沖	8.0	3	房総～宮城	500
1703.12.31	元禄16	房総近海	8.2	3	南関東	5,233
1707.10.28	宝永4	東海・南海道沖	8.4	4	東海・南海道・大阪	4,900
1741.8.29	寛保1	北海道南西沖	7.5?	3	渡島・津軽・佐渡	1,467
1771.4.24	明和8	沖縄石垣島沖	7.4	4	石垣島・宮古島	11,861
1854.12.23	安政1	東海沖	8.4	3	東海・伊勢・熊野	900
1854.12.24	安政1	南海道沖	8.4	3	南海道・大阪	3,000
1806.6.15	明治29	三陸沖	7.6	3～4	三陸・北海道	27,172
1933.3.3	昭和8	三陸沖	8.3	3	三陸・北海道	3,008
1944.12.7	昭和19	熊野灘	8.0	2.5	三重	998
1946.12.21	昭和21	紀伊沖	8.1	2.5	四国・和歌山	1,330
1960.5.24	昭和34	チリ南部沖	9.4	4	日本太平洋岸全域	142
1983.5.26	昭和58	秋田・青森沖	7.7	3	東北・北海道	100
1993.7.12	平成5	北海道南西沖	7.8	4	奥尻島・北海道	230
2011.3.11	平成23	東北・関東沖	9.0	4	青森～千葉	20,000以上

(5) 海震荷重

> 海震荷重は，地震による海底地盤の変動により海水中を粗密波として伝播し，浮体底面に作用して生じる荷重である．海震荷重は浮体式の設計において考慮する．荷重レベル1～3の3段階を考慮する．

海震は，海底地震により粗密波が海水中を伝播して，海面上の浮体や船舶に衝撃を与える現象である．船舶における被害例は，しばしば報告されている．地震と同じく海震に関しても震度の階級がルードルフやジーベルグにより作成されている．海震震度の階級を表4.3，4.4に示す．ルードルフの震度階は人体の感じる感覚で区分し，10階級で作成している．ジーベルグの震度階は，6階級で作成している．

海洋建築物への荷重影響として，海底地盤の変形領域，海底地盤の変位や加速度，水深などを考慮する．

海洋建築物の海震荷重に対する応答評価は「4.1.4 c.(2)浮体式」に示している．

表4.3 ルードルフの海震震度の階級 [4-51]

震度	現　　象
1	一種の音響と感じる程度であり，船内の乗員が感じる．
2	睡眠中の乗員が目を覚ます程度であり，船内の乗員が感じる．
3	船体全体に震動を感じる．甲板上の重器具が転落したような感じを受ける．
4	投錨時に錨が急に繰り出されるときの震動に似た感じを受ける．
5	船体が珊瑚礁，砂州，海底等に繰返し触れる震動に似た感じを受ける．また，他の小型船舶との繰返し衝突による震動に似た感じを受ける．
6	食器などが音を立てて動き出す程度の震動．
7	甲板上に立っていられないほどの震動
8	マスト，帆桁のほか甲板上の物が震動する．羅針盤，寒暖計などが破損することがある．
9	船体が一方に押しやられ，航行不能となることがある．
10	甲板上の人は投げ出され，積載物が飛び上がる．甲板の接合部に被害を生じ，難破することがある．

表4.4 ジーベルグの海震震度の階級 [4-51]

震度	現　　象
1（軽震）	船室がわずかに振動し隔壁が軽くきしむ．
2（弱震）	底触れまたは船体が岸壁をこするときのような，あるいは錨鎖を急速に繰出すときのような振動を感じる．船腹や構造物の振動がはっきりわかる．
3（中震）	砂州，岩礁，または暗礁に乗り上げたとき，または衝突したときのような激動や，甲板上に重量物を投げ出したとき，樽を転がしたとき，スクリューの翼が折れたときのような衝撃を感じる．吊下物がはなはだしく揺れ，索具や船体構造物が鳴動する．
4（強震）	前期の状況がさらに強くなり船は縦横に動揺し操舵員は舵輪を握る手に衝撃を感じるようになる．帆桁，デリック棒が鳴動し，すわりの悪い器具は転倒転落する．
5（烈震）	船上に立つことが困難となり，大きい物体も位置がずれたり，転倒したり，台から飛び出したりする．マスト，甲板構造物等，全船鳴動し，構造の弱い部分は弛んでぐらぐらするようになる．船の航行が困難になることもある．
6（激震）	船体が海中から跳ね上げられることがある．マスト，帆桁，甲板構造物に損害が起こる．浸水により沈没に至ることもある．

(6) 流れ荷重

> 流れ荷重は，海流，潮流，吹送流などの作用により生じる荷重である．海流や潮流の勢いが大きな海域には通常設置しないことが基本であるが，流れが許容できる範囲内にある場合は，荷重として評価し安全性の検討を行う．暴風時に発生する吹送流は，風荷重および波荷重と同時に作用することを考慮する．

海洋の流れには海流，潮流，吹送流などがある．海流は，長期間にわたりほぼ一定の方向と速さをもつ流れである．日本近海の夏季における海流の状況を図4.7に示す．日本近海の海流の速度はおおむね0.5〜3ノットの範囲にある（1ノット＝約0.514m/s）．潮流は潮汐に伴う流れであり，約6時間半ごとに流れの向きが反転する．潮流の速度は太平洋や日本海などの外海では遅いが，海峡や水道では流れが速くなる．吹送流は風により海面近くで発生する流れであり，流速は風速，吹走時間，水深などに依存する．

海洋建築物への荷重影響として，流向，流速，深さ方向の流速分布などを考慮する．また，渦励振に対する評価が必要な場合は，流れに対して海洋建築物後方に形成される渦の交番荷重により，海洋建築物の応答振幅が増幅して不安定な挙動にならないように留意する．

図4.7 日本近海の夏季における海流の模式図[4-4]

(7) 氷荷重

> 氷荷重は氷海域における海氷の作用による荷重である．氷海域に設置する場合は氷荷重を考慮する．氷荷重には，流氷の移動により発生する動的な荷重，結氷・着氷による静的な荷重，流氷の衝突などがある．これらによる偏荷重の影響にも注意する．

　一年を通じて海氷に覆われる時期のある海域においては，海氷による氷荷重を考慮する．
　海洋建築物への荷重影響として，流氷や結氷の分布状況，形状，厚さ，強度，移動速度，移動方向などを考慮して決定する．偏荷重の影響や海氷の移動による海洋建築物の振動（ラチェッティング現象）に注意する．

(8) 雪荷重

> 雪荷重は，積雪の作用による荷重である．積雪が予想される海域においては，雪荷重を考慮し，とくに偏荷重の影響を注意する．

　多雪海域においては積雪による荷重を考慮する必要がある．沿岸域の積雪量に関しては，陸域の観測記録が参考となる．積雪荷重は，陸上建築物と同じ考え方で評価する．
　積雪は静的荷重として扱う．海洋建築物への荷重影響として，積雪深，積雪密度，積雪期間，気温，偏荷重などを考慮する．

(9) 雨水荷重

> 雨水荷重は，雨水の作用による荷重である．大量の雨水が予想される海域においては雨水荷重を考慮する．とくに偏荷重の影響を考慮する．

　梅雨や台風などにより降水量の多い地域においては，雨水による荷重を考慮する必要がある．緯度の低い海域ではスコールの影響を考慮する．沿岸域の雨量に関しては陸域の観測記録が参考になる．
　雨水は静的荷重として扱う．海洋建築物への荷重影響として，降水量，排水量，浸水領域，偏荷重などを考慮する．

(10) 温度荷重

> 温度荷重は，大気中温度および海中温度の作用により生じる荷重である．低温海域に建設する場合は，脆性破壊の検討が必要である．大規模浮体においては，温度変化による膨張・収縮に注意する．大水深の着底式の場合，海水の表層と深層とで海水温度が大きく異なるので，温度勾配の影響に注意する．

　陸域とは異なり，海上と海中では温度差がある．また，大水深域においては水深が深くなるほど海水温は低くなることを考慮する必要がある．温度荷重に関しては設計段階だけではなく，海洋建築物の施工精度確保の観点から考慮しておく必要がある．

温度荷重は静的荷重として扱う．海洋建築物への荷重影響として，海流や流氷の領域や位置，温度分布などを考慮する．

d. 偶発作用

(1) 衝突荷重

> 衝突荷重は，海洋建築物の外部から作用する衝突体により発生する荷重である．衝突荷重は局所的に作用する荷重として扱う．海洋建築物の側面に作用する船舶や漂流物の衝突のほか，ヘリポートを有する海洋建築物においてはヘリコプターの墜落・衝突を考慮する．衝突荷重の算定は陸上建築物に準じるものとする．

海洋建築物に作用する衝突荷重として，船舶や漂流物の衝突，航空機やヘリコプターの墜落・衝突，施工時の吊荷の落下による荷重などがある．衝突荷重の算定は陸上建築物と同じく，パルス荷重として考える．衝突荷重を考慮する場合は，衝突により生じうる災害想定（シナリオ）が必要である．

海洋建築物への荷重影響として，衝突物の質量，速度，衝突方向および衝突箇所などを考慮する．海洋建築物の衝突に対する応答評価は「4.1.4 g. 衝撃解析」に示している．

(2) 爆発荷重

> 爆発荷重は，海洋建築の内部における爆発により発生する荷重である．爆発荷重の算定は陸上建築物に準じるものとする．

海洋建築物の爆発荷重は陸上建築物と同じく圧力荷重として考える．爆発による圧力は，爆発直後に最大となった後，急激に減速し大気圧に戻る（正圧）．次に大気圧より小さくなった後，再び大気圧に戻る（負圧）．建築物の損傷や崩壊の検討を行う場合は，正の圧力のみを考慮すればよいが，窓ガラスやドアのような開口部の検討には負圧の影響も無視できない．爆発荷重を考慮する場合は，爆発に至る災害想定（シナリオ）が必要である．

海洋建築物への荷重影響として，爆発発生箇所，爆発圧および爆発圧の継続時間などを考慮する．海洋建築物の爆発に対する応答評価は「4.1.4 g. 衝撃解析」に示している．

(3) 火災荷重

> 火災荷重は海洋建築物の海上火災により発生する荷重である．火災時にはとくに温度上昇に伴う鋼材の強度低下に注意する．火災荷重の算定は陸上建築物に準じるものとする．

海洋建築物の火災による荷重は温度荷重として考慮する．火災は初期火災，火災成長期，盛期火災，減衰期の4期に大別される．建築物の構造体に与える熱影響は盛期火災が最も大きく，盛期火災時には可燃物の大半が燃える．

火災下における材料の性質として，鋼材の場合，温度上昇に伴い鋼材の降伏点，引張強さ，およびヤング係数が常温時よりも低下する．コンクリート材料の場合，火災により乾燥し，ひび割れが生じ強度が低下する．火災荷重を考慮する場合は，火災に至る災害想定（シナリオ）が必要である．

海洋建築物への荷重影響として，火災発生箇所，火災温度，および火災継続時間などを考慮する．

e. 荷重組合せ

> 永続作用，変動作用，偶発作用による荷重を適切に組み合わせる．
> 設計荷重の組合せにおいて，永続作用に属する荷重は常に作用しているため，すべての荷重組合せで考慮する．変動作用に属する荷重は，暴風の発生に伴い生じる荷重を暴風関連荷重，地震の発生に伴い生じる荷重を地震関連荷重とし，それぞれ再現期間に応じた関連荷重を永続作用とともに組み合わせる．偶発作用に属する荷重はそれぞれ個別に永続作用と組み合せる．変動作用と偶発作用との組合せは行わない．

永続作用，変動作用および偶発作用に属する荷重を適切に組み合わせる必要がある．また，建設時，曳航時，使用時，解体時において考慮する荷重が異なることに留意する必要がある．設計において考慮する荷重の組合せの例を表4.5に示す．

永続作用と変動作用を組み合わせる際は，波，風，流れなどの方向，大きさ，分布に関する同時性を考慮する．変動作用のうち，地震と暴風が同時に発生する確率はきわめて低いため，両荷重の組合せは考えない．流れ荷重，氷荷

表4.5 荷重組合せの例

作用	荷重の種類	設計状態と荷重レベル							
		常時	暴風作用時	地震作用時	津波作用時	海震作用時	衝突時	爆発時	火災時
		0	1～3	1～3	1～3	1～3	-	-	-
永続作用	固定荷重	○	○	○	○	○	○	○	○
	積載荷重	○	○	○	○	○	○	○	○
	静水力学的荷重	○	○	○	○	○	○	○	○
	静的係留荷重	□	□	□	□	□	□	□	□
変動作用	波浪荷重	○	○						
	風荷重	○	○						
	地震荷重			○					
	津波荷重				○				
	海震荷重					□			
	流れ荷重		△	△		△			
	氷荷重		△	△		△			
	雪荷重	△	△	△	△	△	△	△	△
	雨水荷重	○							
	温度荷重	○							
偶発作用	衝突荷重						○		
	爆発荷重							○	
	火災荷重								○

○：設計において考慮する荷重
□：浮体式の設計において考慮する荷重
△：設置海域の気象，海象条件より考慮する荷重

重および雪荷重については，サイトの気象・海象データに基づいて適宜組み合わせる．発生確率は低いが，発生すると大事故を引き起こす偶発作用に関しては，永続作用との組合せだけを考慮する．

建設時および解体撤去時の荷重については，永続作用の荷重と状況に応じた変動作用の荷重との組合せを考慮する．

4.1.3 材　　料

a. 材料の選定

> 材料の選定にあたっては，以下のことに留意する．
> (1) 設置する海域，用途，構造形式などに応じて適切な材料を選定する．
> (2) 使用期間中を通じて要求される強度や耐久性を維持できるものとし，メンテナンスのしやすさや周辺環境への影響に十分配慮したものを選択する．

海洋建築物に用いられる構造種別としては，鋼構造と鉄筋コンクリート構造（プレストレストコンクリート構造を含む）が中心になると考えられる．着底式の場合，比較的浅い水深においては，重力式コンクリート構造が多く用いられるが，水深が深くなるほど流体力の軽減や施工性，経済性の観点から，鋼構造によるジャケット式やコンプライアント式が採用されるケースが多い．一方，浮体式の場合は，いずれの構造も可能と考えられるが，コンクリート構造の高剛性や耐食性，鋼構造の高耐力・高靱性，モジュール連結・拡張性など，それぞれの特徴を活かしたハイブリッド構造なども選択肢としてあげられる．

とくに海洋建築物に特有な選定要因として，厳しい環境下となる海洋での施工性（簡易接合，短工期，精度管理，重機・曳航制限），波浪の揺れに対する居住性（剛性，係留方法），損傷時の修復性（検査・メンテナンスの容易さ，脱着性）などが考えられる．そのほかにも，供用期間を終えた後の解体のしやすさ，ライフサイクルにわたる経済性，環境影響（地球環境，周辺海域）などを総合的に勘案して適切な材料を選定することが重要である．

設置されるサイトによってリスク要因が異なるほか，存在する空間によっても海洋建築物に要求される性能レベルは異なる．着底式の場合は，大きく海上空間，海中空間，海底空間に分けられ，浮体式の場合は，海上空間，浮体部，係留部に分けられる．それぞれの空間ごとに，要求性能に応じた材料を選択することはメリットが大きい．ただし，その境界部分においては，海面変動（干満，波浪，津波など）や地盤変動（地震，沈下，洗掘など）によって，環境が著しく変化する可能性がある．したがって，とくに境界部分は構造物の連続性を考慮しつつ，接合部が構造的な弱点部とならないよう十分配慮する必要がある．

材料の選定にあたっては，減肉・ひび割れなどの形状変化，腐食・塩害などによる材質変化，防食効果の継続性などについて把握するとともに，定期的な検査・モニタリング手法，適切な補修・補強・取替え時期の判定基準，機能回復工法などを事前に検討しておくことが重要となる．

それ以外の材料として，次のようなものがあげられる．これらの各種材料を使用する際には，要求される力学的性質および耐久性が得られることを確認する必要がある．

① 各種繊維強化プラスチック（炭素繊維，ガラス繊維，アラミド繊維など）
② 各種合金（アルミニウム，チタンなど），クラッド材（複合金属材）
③ 木質系

b. 鋼材

> 鋼材を使用する場合には，以下のことに留意する．
> (1) 要求される強度や靭性を満足すると同時に，海水や飛来塩分に対する耐食性，波浪に対する疲労特性に配慮して，適切な材種を選択する．
> (2) 供用期間，施工性，メンテナンス性などを考慮した防食・防汚対策を行う．

海洋建築物に使用される鋼材には，鋼構造に使われる形鋼，板鋼，鋼管や鉄筋コンクリート構造に使われる鉄筋，PC鋼材などがある．

鋼構造は，船舶や石油掘削プラットフォームなど，これまでに数多くの採用実績がある．とくに，近年の TMCP（Thermo-Mechanical Control Process：加工熱処理）技術の開発により，高強度と高靭性の両立が可能となり，要求性能の高度化に応じた新たな材料も開発されている．また，鋼管トラスによるジャケット式などでは，海水中に適度な空間を形成できることで海洋環境への影響が小さいといったメリットもある．

海洋建築物に使用される鋼材には使用温度や使用部位に応じた溶接性，必要靭性を満足する材料を選定する必要がある．とくに，寒冷地帯，氷海域などでは，炭素当量を極力低く抑え，大入熱溶接下でも靭性劣化が少ない低温用鋼が多く採用されている．また，大きな重量を支えるジャッキアップリグ用として，YS690MPa級かつ極厚の低温用高張力鋼，およびこれに対応した高靭性の溶接材料も開発されている．JISのほか，日本海事協会（NK）規格や各鉄鋼メーカーの社内規格が参考になる．

主な耐食性材料として，海上では耐候性鋼，海中や飛沫帯では耐海水鋼があげられる．耐候性鋼としては，JISのSMAシリーズのほか，近年，高飛来塩分環境においても優れた耐候性を発揮するニッケル系耐候性鋼が開発されている．また，耐海水鋼は銅，リン，クロムなどを添加して耐海水性を高めたものであるが，一般的には塗装により重防食を施すか，電気防食を併用することが多い．羽田空港D滑走路の杭には，設計使用期間100年を想定して，耐海水性ステンレス鋼ライニング工法が採用されている[4-6]．

海域においては，波浪・潮汐，その他の温度変化や乾湿などにより，繰返し発生する応力の範囲，回数ともに陸上と比べて大きくなる傾向にあり，疲労性能の確保が重要となる．船舶や橋梁用として，結晶粒の微細化や高精度な組織制御により，マイクロクラックが発生した後の疲労亀裂の進展を抑制する耐疲労鋼などが有効と考えられる．

疲労で重要となるのはとくに溶接部における応力集中である．継手形状や溶接方法，後処理によってホットスポット応力（最大局部発生応力）は異なってくるため，実験や解析によりその安全性を確認する必要がある．溶接による残留応力（引張応力）を緩和する対策として，溶接部近傍に各種ピーニング工法を施して圧縮応力を付加する技術が開発されている．

部材の存在する空間によっては，高い荷重レベルに対してもシステムの安全性を確保することが求められる．これに対しては，主要部材への高強度材料の使用と同時に，エネルギーの効率的な吸収，かつ損傷後の取替えが可能な制振ダンパーの設置が有効と考えられる．とくに，システムの拡張性や可変性を最大限に活かしたモジュール間の連結部または剛性の異なる構造物の変形差を積極的に利用した接合部へのダンパーの使用は，安全性や動揺居住性の向上に有効な手段と考えられる．ただし，厳しい環境下での外部使用にあたっては，防食を十分に検討する必要がある．

防食および防汚の対策としては，各工法の特徴をよく理解したうえで，必要とする耐久性が得られる工法を選択する．また，必要に応じて，複数の工法を組み合わせて施工することも考慮する．鋼材の防食対策は，塗装やライニングに代表される被覆防食と電気防食に大別される．電気防食には，外部電源方式と流電陽極方式とがあるが，電位差

で発生する電流を防食電流に利用する流電陽極方式が，従来から多く使用されている．外部電源方式を採用する場合は，設備計画と併せて検討する必要がある．防食の詳細に関しては，「海洋鋼構造物の防食 Q&A」[4-7]，「港湾鋼構造物防食・補修マニュアル」[4-8]などを参照されたい．

鉄筋コンクリート構造では，鉄筋や PC 鋼材の腐食によって部材性能が損なわれることがないように，コンクリート自体の耐久性を考慮するだけでなく，十分なかぶり厚さの確保とコンクリート中の鋼材に適切な材料，例えばエポキシ樹脂塗装鉄筋やステンレス鉄筋などを用いることも大切である．

c. コンクリート

> コンクリートを使用する場合には，以下のことに留意する
> (1) 海水の化学作用や飛来塩分などに対して十分な耐久性を有するものとする．
> (2) 高い水密性を有するものとする．

海洋建築物に使用するコンクリートには，高水密性が得られる材料・調合を選ぶとともに，ひび割れ，豆板などの欠陥を生じないコンクリートを選び，それに適した施工計画および品質管理計画を立てることが重要である．とくに高い水密性を必要とする場合は本会「建築工事標準仕様書・同解説　JASS5　鉄筋コンクリート工事」[4-9]（以下，JASS5という）を参考に水セメント比の小さい調合とする．

海水の影響を受けることが懸念される環境下で長寿命型の環境配慮を行う場合[4-10]には，高炉スラグ微粉末またはシリカフュームを用いることとする．海水によるセメント硬化体の劣化は，主としてエトリンガイトの生成反応に起因するとされており，エトリンガイトの生成を少なくするため，アルミネート相(C_3A)含有量の少ないセメントまたは$Ca(OH)_2$の生成が少ないセメントを用いることが望ましい．

高炉スラグ微粉末を混入すると，遊離状態の $Ca(OH)_2$ が少なくなるため，セメント硬化体中への塩分浸透が抑制される．シリカフュームは，金属シリコンおよびフェロシリコンをアーク式電気炉で製造する際に発生する排ガスから捕集される副産物で，非晶質の SiO_2 を主成分とする超微粒子である．シリカフュームは，直径が平均 $0.1\mu m$ ときわめて小さい粒子であるため，セメント粒子間を充填するマイクロフィラー効果によりフレッシュコンクリートの流動性を改善するとともに，セメント硬化体の緻密化にも寄与する．さらに，シリカフュームは SiO_2 含有量が多いため，$Ca(OH)_2$ とのポゾラン反応によって組織の緻密化がさらに進み，コンクリートの強度，耐久性および水密性を向上させる．海水の作用を受けるコンクリートにおいては，シリカフュームは，コンクリートの空隙率を下げ，水密性を増大させ，塩化物イオンの浸透に対する抵抗性を向上させる．

海洋建築物に使用するコンクリートの環境は，海水に接する部分に使用するコンクリート，直接波しぶきを受ける部分に使用するコンクリートおよび飛来塩分の影響を受ける部分に使用するコンクリートが想定される．海水，波しぶきおよび飛来塩分に含まれる塩化物イオンがコンクリートの表面に付着し，コンクリート中に浸透する．この浸透した塩化物イオンによって鉄筋が腐食しないように，計画使用期間に応じた設計・施工をする必要がある．

塩害環境の区分は，重塩害環境，塩害環境および準塩害環境とする．海水に接する部分で潮の干満を受ける部分および波しぶきを受ける部分は重塩害環境，海水に接する部分で常時海中にある部分は準塩害環境とし，飛来塩分の環境を受ける部分は，飛来塩分量に応じて JASS 5[4-9]と同様に区分する．

海水および飛来塩分の作用を受ける構造体の計画使用期間の級は，JASS 5[4-9]のように塩害環境において短期，準塩害環境においては短期，標準または長期となる．しかしながら，計画使用期間の級が長期，超長期の構造体を必要とする建築物において海水および飛来塩分の作用を受ける部分は，建築物の計画使用期間中に著しい劣化を生じさせない対策，あるいは容易に維持管理ができる構造を選択するなどの対応をとる．

コンクリート表面への樹脂塗料の塗布も水密性の向上に有効である．使用にあたっては，建築物の使用年数と樹脂の耐用年数とを考慮する．

4.1.4 構造解析

a. 構造性能の検証と解析法

> 構造性能の検証のための構造解析は，評価すべき性能，対象部位，荷重条件，材料特性および構造特性を総合的に考慮し，適切な解析法に基づいて行う．

レベル0およびレベル1の荷重に対する解析は，弾性理論に基づいて行う．とくに浮体式においては，動揺に対する居住性によって設計が決まる場合もありうるので，波浪応答解析を行って動揺の大きさや特性を予測しておくことが必要である．

レベル2の荷重に対しては，弾性解析を基本とするが，海上部にある部材で塑性化を許容した方が合理的であると判断される場合には，塑性化部分が十分な変形能力を有することを前提に，塑性解析法の適用を認める．

レベル3の荷重に対しては，塑性化部分が十分な変形能力を有することを保証したうえで，塑性解析法または極限解析法の適用を認める．ただし，海中部にあって塑性化に伴って海水の浸入のおそれがある部材については，弾性解析を行う．

さらに，レベル3の荷重に対しては，局所的な部材レベルでの損傷が連鎖的な構造システムの破壊に進行しないことを進行性破壊解析や衝突解析によって確認する．とくに浮体式建築物の転覆，沈没，流出などは人命の損失につながるので，浮体部分の局所的な損傷がシステム全体の安定性の喪失に至らないことを安定解析によって確認しておく必要がある．

以上の各レベルの荷重作用は建築物の使用期間中のある短期間に発現する事象であるが，波浪荷重などは各レベルの荷重がそれぞれの発生頻度に応じて繰り返し継続的に作用するので，鉄骨部材の接合部や緊張係留索などの応力集中部については，疲労解析を行って累積損傷破壊に対する安全性を検討することが必要である．

脆性破壊に対する安全性の検討も，氷海域に建設される海洋建築物の設計では欠かせない検討事項の1つである．

b. 静的解析

> 静的荷重および静的荷重に換算可能な動的荷重に対しては，静的解析によって安全性・機能性・居住性の評価に必要な応力，変形などの諸量を算定する．塑性化を許容する場合の安全性の検証に必要な終局時の耐力や変形能は，これらの荷重分布を仮定したうえで，塑性解析または増分解析（プッシュオーバー解析）を行い算定する．

海洋建築物に作用する荷重のうち，固定荷重，積載荷重，静水圧，浮力，積雪荷重などの静的荷重に対しては，静的解析によって応力，変形などの諸量を算定し，安全性・機能性・居住性の検証に用いる．塑性化を許容する場合の安全性の検証に必要な終局時の耐力や変形能は，これらの荷重分布を仮定したうえで，塑性解析または増分解析（プッシュオーバー解析）を行い算定する．海中部分に作用する静水圧と浮力の存在に注意すれば，解析方法は陸上建築物の場合と大差はない．潮流，海流などの流れ荷重は時間変化が緩慢であるので，通常は静的荷重として扱ってよい．風荷重や地震荷重は本来動的荷重であるが，現行の陸上建築物の耐風・耐震設計規定に準拠する場合には，等価な静的荷重に換算して扱われることになる．

海洋建築物の形式や形状には多種多様なものが存在するので，その形式・形状や解析目的に応じて適切な解析モデルを使い分ける必要がある．ジャケット式や半潜水式のように骨組部材で構成される建築物では骨組要素モデルを，板やシェル状の建築物では連続体力学理論に基づく理論モデル，あるいは板・シェル要素を組み合わせた有限要素モデルなどを用いることができる．

c. 動的解析 [4-11)～4-21)]

> 動的効果が顕著であると予想される事象に対しては，構造－海水または構造－海水－地盤の連成を考慮した動的解析よって，安全性・機能性・居住性の評価に必要な応力，変形や動揺・振動の加速度・速度・変位，動水圧などの諸量を算定する．

波浪荷重や地震荷重などの動的荷重に対しては，構造－海水または構造－海水－地盤の連成を考慮した動的解析を行って，応力，変形や動揺，振動の加速度・速度・変位，動水圧などの諸量を算定し，安全性・機能性・居住性の検証に用いる．

動的解析に用いる解析モデルは基本的には静的解析に用いるものと変わりはないが，応答を振動モードの重ね合わせで表現することにより自由度を縮約した振動モデルが，通常よく採用される．

構造－海水の動的連成作用を考慮する方法としては，入射波の波長に比べて径の小さい細長体に対してはモリソン式に基づく評価法が，水平方向の広がりが入射波の波長と比較しうる程度の浮体に対しては，回折影響を考慮したポテンシャル理論（回折理論）による評価法が適用できる．

(1) 着底式
(i) 波と流れによる流体力

> 着底式構造物に作用する波浪による流体力は，構造物の幅または構造部材の径が波の波長の1/5以下の場合は粘性の影響を考慮したモリソン式，構造物の幅が波の波長の1/5以上の場合は波の反射・散乱の影響を考慮した回折理論により求める．海流や潮流などの流れによる流体力は，構造物の幅や構造部材の径によらずモリソン式により評価する．

波や流れにより構造物に作用する流体力は，以下のモリソン式または回折理論を用いて算定することができる．

① モリソン式

線材で構成された構造物に作用する波力は，以下のモリソン式を用いて算定する．

$$dF_x = dF_I + dF_D = \left(\rho C_M A \dot{U}_x + \frac{1}{2}\rho C_D D U_x |U_x|\right) dl \tag{4.8}$$

ここに，dF_x は部材の長さ要素 dl に作用する波力の水平成分，dF_I は慣性力，dF_D は抗力，C_M は慣性力係数，C_D は抗力係数，$\dot{U}_x$ と U_x はそれぞれ水粒子の加速度と速度の水平成分，ρ は海水の密度，A は部材断面積，D は部材断面に関する代表長さ（円形断面の場合は直径）である．なお，生物付着が著しい海域にあっては，その影響を考慮して C_D または A，D の値を適宜割り増すものとする．

慣性力係数は以下のように2つの成分で構成される．

$$C_M = C_m + C_a \tag{4.9}$$

ここに，C_m は動水力学的慣性力係数（付加質量係数），$C_a = 1$ は圧力勾配の変化による慣性力係数である．

式(4.8)の抗力項は非線形であるが，等価線形化法により以下のように近似できる．

$$dF_D \simeq \frac{1}{2}\rho C_D D \sqrt{(8/\pi)} \sigma_{U_x} U_x dl \tag{4.10}$$

ここに，σ_{U_x} は U_x の標準偏差である．

式(4.8)を積分して部材ごとの波力を求め，さらに構造物を構成する部材全体の総和をとり，構造物全体に働く波力を求める．

② 回折理論

重力式やシェル構造のように面材で構成された構造物に作用する波力は，回折理論に基づき算定する．回折理論では構造物の存在により入射波が反射・散乱される影響を考慮して流体力を評価する．線形ポテンシャル理論に基づいており，単純な形状の場合は解析解が求められているが，任意の形状に対しては境界積分法や有限要素法などの数値解析を用いる．

円筒状構造物の場合，回折理論は，以下のような速度ポテンシャル ϕ に関する境界値問題を解くことにより求められる．

・場（海水領域）の方程式

$$\begin{aligned}
&\nabla^2 \phi = 0 &&r \geq a,\ 0 \leq z \leq d &&\text{：非圧縮性流体の場合} \\
&\nabla^2 \phi = \frac{1}{c^2}\frac{\partial^2 \phi}{\partial t^2} &&r \geq a,\ 0 \leq z \leq d &&\text{：圧縮性流体の場合}
\end{aligned} \tag{4.11}$$

・境界条件

$$\begin{aligned}
&\frac{\partial \phi}{\partial z} = 0 && z = 0 \\
&\frac{\partial \phi}{\partial z} + \frac{\omega^2}{g}\phi = 0 && z = d \\
&\frac{\partial \phi}{\partial r} = 0 && r = a \\
&\sqrt{r}\left(\frac{\partial \phi_d}{\partial r} + i\kappa \phi_d\right) = 0 && r \to \infty
\end{aligned} \tag{4.12}$$

ここに，z は海底を原点として上向きにとった鉛直方向座標，r は放射方向座標，g は重力加速度，κ は波数，d は水深（一定），a は構造物の半径である．場の方程式は，式(4.11)の第1式が非圧縮性流体の場合，第2式が圧縮性

流体の場合である．通常，海水は非圧縮性流体と考えてよい．海震のように粗密波が海水を伝播するときは，圧縮性を考慮する．境界条件において，式(4.12)の第1式は海底における固体境界条件，第2式は海面における自由表面条件，第3式は海水と構造物の接触面における固体境界条件，第4式は遠方における散乱波の放射条件である．

速度ポテンシャルϕは，以下のように与えられる．

$$\phi = \phi_i + \phi_d \tag{4.13}$$

ここに，ϕ_iは入射波の速度ポテンシャル，ϕ_dは構造物の存在により反射・散乱された散乱波の速度ポテンシャルである．海面での波形（波高，周期）に対応したϕ_iを与えることにより境界値問題を解いてϕ_dを求め，式(4.13)に戻って速度ポテンシャルϕを求める．ϕが求まれば，次式のベルヌーイ式により構造物に作用する動水圧pが求まる．

$$p = \rho \frac{\partial \phi}{\partial t} \tag{4.14}$$

ここに，ρは海水の密度，tは時間である．式(4.14)を積分して構造物全体に働く波力を求める．

(ⅱ) 地震時の流体力

> 地震時における海底地盤の水平振動により，着底式は海水中で剛体運動し，構造物には海水の抵抗力として流体力が作用する．地震時の流体力はモリソン式または線形ポテンシャル理論により評価する．

地震時，着底式は海底地盤の動きに追従し剛体運動する．この構造物の剛体運動により周辺の海水からは抵抗力としての動水圧が発生する．地震時に発生する流体力はモリソン式または線形ポテンシャル理論により評価する．

モリソン式の場合，地震時の部材要素dlあたりの流体力は，等価線形化法を用いると次式で与えられる．

$$dF_x = \left[\rho C_m A(\dot{U}_x - \ddot{u}_g) + \rho C_a A \dot{U}_x + \frac{1}{2} \rho C_D \sqrt{(8/\pi)} \sigma_{U_x}(U_x - \dot{u}_g) \right] dl \tag{4.15}$$

ここに，u_gは海底地盤の水平変位である．

線形ポテンシャル理論の場合，式(4.11)，(4.12)に示した波に対する回折理論の境界値問題において，$\phi_i = 0$として，海水と構造物の接触面における固体境界条件を剛体移動境界に置きかえることにより，速度ポテンシャルϕを求める．円筒構造物が水平方向にu_gだけ移動したとき，式(4.12)の第3式は，以下のようになる．

$$\frac{\partial \phi}{\partial r} = \frac{\partial u_g}{\partial t} \cos\theta \qquad r = a \tag{4.16}$$

ここに，θは加振軸から測った円周方向の角度である．

(ⅲ) 構造物の変形が流体力に与える影響

> 構造物の変形が無視できない場合は，構造物または構造部材の変形の影響を考慮して，モリソン式あるいは回折理論により流体力を評価する．

(ⅰ)と(ⅱ)においては，構造物の変形を無視して剛体と考えている．しかし，構造物の剛性が小さく変形が無視できない場合は，変形の影響を考慮して流体力を評価する必要がある．モリソン式においては，水粒子と構造物との相対加速度および相対速度を考慮して流体力を算定する．シェルや平板などでは，静水中における構造物と海水の接触面における運動を考慮して，回折理論に基づき流体力を評価する．構造物の変形を考慮した応答解析は流力弾性解析と呼ばれる．

モリソン式の場合，構造物の変形を考慮したときの流体力は$r = U_x - \dot{u}$とおき，等価線形化法を用いると次式で与えられる．

$$dF_x = \left[\rho C_m A \dot{r} + \rho C_a A \dot{U}_x + \frac{1}{2} \rho C_D \sqrt{(8/\pi)} \sigma_r r \right] dl \tag{4.17}$$

ここに，$\dot{u}$は構造物の速度，rと$\dot{r}$はそれぞれ水粒子と構造物との相対速度と相対加速度，σ_rはrの標準偏差である．

回折理論の場合，海水と構造物の接触面における固体境界条件を次式のような変形wに関する移動境界に置きかえることにより，速度ポテンシャルϕを求める．

$$\frac{\partial \phi}{\partial r} = \frac{\partial w}{\partial t} \qquad r = a \tag{4.18}$$

(iv) 運動方程式

> 波，流れ，地震などの動的外力が作用したときの流体力を，陸上における構造物の応答解析と同様に，質量-減衰-剛性系の運動方程式の荷重項に代入することにより運動方程式を求める．

　運動方程式は，波，流れ，地震などの動的外力により発生する流体力を求めて，荷重項に代入することにより求まる．構造形式に応じて運動方程式の具体的な形は異なるが，マトリクス表現すると，一般に以下の質量(M)-減衰(C)-剛性(K)系の運動方程式となる．

$$[M]\{\ddot{u}_a\} + [C]\{\dot{u}\} + [K]\{u\} = \{F\} \tag{4.19}$$

ここに，$[M]$, $[C]$, $[K]$ は構造物の質量マトリクス，減衰マトリクス，剛性マトリクス，$\{\ddot{u}_a\}$, $\{\dot{u}\}$, $\{u\}$ は構造物の絶対加速度ベクトル，相対速度ベクトル，相対変位ベクトル，$\{F\}$ は構造物に作用する荷重ベクトルである．例として，波を受ける重力式，ジャケット式よびシェル構造の運動方程式を考える．

① 重力式の場合

　荷重ベクトル$\{F\}$は，回折理論に基づき求める．円筒形であれば解析解を用いることができるが，形状が複雑な場合は境界要素法あるいは有限要素法を用いる．構造物の$[M]$, $[C]$, $[K]$は，質点系モデルまたは有限要素モデルを用いて求める．

② ジャケット式の場合

　荷重ベクトル$\{F\}$は，モリソン式により求める．構造物の$[M]$, $[C]$, $[K]$は，3次元フレームモデルを用いて求める．

③ シェル構造の場合

　荷重ベクトル$\{F\}$は，シェル壁の変形を考慮した回折理論により求める．円筒形であれば解析解[4-11)～4-13)]を用いることができるが，形状が複雑な場合は境界要素法または有限要素法を用いる．構造物の$[M]$, $[C]$, $[K]$は，シェル理論に基づき求める．

(v) 海水－構造物相互作用[4-22)～4-26)]

> 運動方程式において，海水と構造物の相互作用は，構造物の加速度に同位相の付加質量と構造物の速度に同位相の造波減衰として評価することができ，ともに周波数依存性を有する点に留意が必要である．

　静水中で着底式が静止しているとき，構造物の表面には海面からの深さに比例して静水圧が作用している．しかし，構造物に振動が励起されると，周囲の海水が抵抗して構造物の表面に動水圧が発生する．この動水圧は海水と構造物の動的相互作用により生じたものであり，構造物の加速度に同位相の成分と構造物の速度に同位相の成分に分けることができる．前者は付加質量として，後者は造波減衰として評価される．

① 付加質量

　構造物に作用する動水圧のうち，構造物の応答加速度に同位相の成分を構造物の加速度応答で除すると質量の単位になる．この値を付加質量とよぶ．構造物自体の質量と構造物周辺の付加質量が一体となって波や地震の動的荷重に抵抗すると見なすことができる．付加質量は構造物と海水の接触面積が大きいほど増加するので，重力式の付加質量はジャケット式に比べるとはるかに大きい．シェル構造物の場合は，付加質量が大きくなることに加えて構造自体の質量が相対的に小さいため，付加質量が構造物の動的挙動に支配的な影響を与える．付加質量は周波数依存性を有するので，その影響を適切に評価する必要がある．

② 造波減衰

　着底式が静水中で振動すると，構造物周辺には波が形成されて遠方に広がっていく．これは，構造物の振動エネルギーが海水に伝えられて放射していくことを示している．この放射波の発生により振動エネルギーを減少させる効果を造波減衰という．造波減衰は，構造物に作用する動水圧のうち，構造物の応答速度に同位相の成分を構造物の応答速度で除した減衰係数として評価することができる．造波減衰も周波数依存性を有し，長周期の波ほど造波減衰効果は大きく，短周期の波になると造波減衰効果は小さくなる．

(vi) 地盤－構造物相互作用[4-75]

> 海底地盤が軟らかい場合，地盤と構造物の動的相互作用が生じる．運動方程式において，スウェイやロッキングなどに関する動的地盤ばね，地下逸散減衰および基礎有効入力として評価することができる．海域においては，地盤と構造物の動的相互作用と海水と構造物の動的相互作用を同時に考慮することになる．

着底式の基礎は地盤と接するため，地盤が軟らかい場合，地盤の変形が構造物の応答挙動に影響を与える．この影響を応答解析で扱うには，地盤と構造物の動的相互作用に着目する必要がある．地盤と構造物の動的相互作用は基本的に陸上構造物の場合と同じであり，その評価にはスウェイ・ロッキングモデル，有限要素モデル，境界要素モデルなどが用いられる．ただし，地盤と構造物の動的相互作用による応答の変化は「(v) 海水－構造物相互作用」で示した海水と構造物の動的相互作用の影響により流体力が変化するため，両者の相互作用間に連成が生じる点に注意が必要である．地盤と構造物の動的相互作用が応答挙動に与える影響には，以下のようなものがある．

① 地盤ばね

基礎が動いたときの地盤の動的抵抗力を地盤ばねとして表現する．直接基礎の場合はスウェイ・ロッキングモデル，杭基礎のときはPenzienモデルがよく用いられる．スウェイ・ロッキングモデルにおけるスウェイばねとロッキングばねは，ともに周波数依存性を有している．Penzienモデルにおける地盤ばねは，周波数依存性を無視してよい．

② 地下逸散減衰

地盤は側方と下方に半無限に広がっている．このため，構造物の振動エネルギーは基礎・地盤を介して遠方へと放射し，振動エネルギーは減少する．この振動の減衰効果を地下逸散減衰と呼ぶ．スウェイ・ロッキングモデルでは地盤ばねと並列に並べたダッシュポットにより，また，有限要素モデルでは地盤領域の境界に取りつけられたエネルギー伝達境界やダッシュポットにより表現する．

③ 基礎有効入力

海底地盤から基礎への地震入力を考えるとき，基礎底盤が大きい場合は，水平方向に伝播する地震波に位相差が生じる．基礎が地盤に深く埋め込まれている場合も，基礎壁（上下方向）に沿って位相差が生じる．基礎が十分剛であれば，位相差により波長の短い波は遮断され地震入力が低減される．このときの地震入力を基礎有効入力と呼ぶ．

(2) 浮体式 [4-27]～[4-50]

(i) 運動方程式

> 運動方程式は，浮体の質量と加速度の積が周辺海水と係留系から浮体が受ける力の総和に等しいというニュートンの第2法則に基づいて構成される．運動方程式の誘導にあたっては，浮体－係留系と海水との動的連成作用を考慮する．

浮体式の動的応答解析法には，浮体の運動をモードごとに分解して解くモード法のほかに，浮体－海水連成系モデルを直接離散化して解く離散化法もあるが，設計では前者が用いられることが多い．その場合，水平方向の長さが100～150m程度までの中小規模浮体であれば，6自由度の剛体モードを採用すれば十分であるが，平面的な広がりが200mを超えるような大規模浮体[4-51]になると，浮体の弾性変形モード（空中モードまたは水中モード）を含めることが必要となる．ただし，剛体モードを採用した場合は，応力応答を波浪応答解析から直接求めることができないので，まず波浪応答解析を行って動水圧分布を求めておき，それを荷重として作用させ応力解析を実行するという2段階の手続きを踏むことになる．弾性変形モードを含める場合には，その必要はない．

モード法を適用する場合の浮体の運動方程式は，一般的に次式のように表される[4-52]．

$$\sum_{k=1}^{K}\left[\left(M_{jk}+m_{jk}\right)\ddot{\xi}_k + N_{jk}\dot{\xi}_k + \hat{N}_{jk}\left(\dot{\xi}_k - \bar{U}_k\right)\left|\dot{\xi}_k - \bar{U}_k\right| + C_{jk}\xi_k\right] \\ + G_j\left(\xi_1, \xi_2, ..., \xi_K\right) = E_j(t) \quad (j=1,2,...,K) \tag{4.20}$$

ここに，M_{jk}は質量係数，m_{jk}は付加質量係数，N_{jk}は造波減衰係数，$\hat{N}_{jk}$は粘性減衰係数，C_{jk}は静水圧による復原力係数，G_{jk}は係留系復原力，ξ_kは浮体のkモード変位，$\bar{U}_k$はkモードに対応する波粒子速度の平均値，E_jはjモードに対応する波浪強制力，Kは採用モード数である．

運動方程式(4.20)の構成図を図4.8に示す．この図は，浮体の質量と加速度の積が周辺流体と係留系から浮体が受ける力の総和に等しいというニュートンの第2法則を示したものにほかならない．浮体が流体から受ける力は静的な

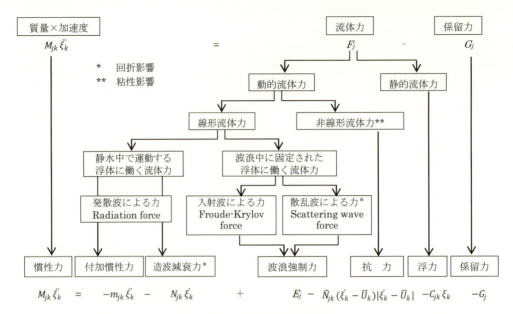

図4.8 係留浮体の運動方程式の構成図[4-52]

流体力と動的な流体力とに大別される．静的流体力（浮力）は，運動する浮体に復原力を与える．動的流体力は浮体が波浪中に固定された場合に働く波浪強制力と静水中で運動する場合に受ける流体反力とに区分され，前者は強制外力として，後者のうち位相内成分は付加質量として，位相外成分は付加減衰（造波減衰）として，それぞれ作用する．

半潜水式のトラス部材のような入射波の波長に比べて径の小さい部材では，動的流体力はモリソン式によって評価できるが，浮体の水平方向の広がりが大きくなって入射波の波長と比較しうる程度になると，浮体の存在による散乱波や浮体の運動に伴う発散波の影響（回折影響）が顕著になって，ポテンシャル理論に基づく流体力の評価が必要となる[4-28],[4-48],[4-49]．

(ii) 各係数の評価

> 運動方程式を構成する各係数の評価は，次の方法による．
> (1) 質量係数
> 浮体の重量分布に基づいて算定する．積載荷重の変動，積載する液体の振動効果なども実情に応じて考慮する．
> (2) 付加質量係数
> 線形ポテンシャル理論に基づいて評価する．細長体の場合には，モリソン式によって算定してもよい．
> (3) 減衰係数
> 減衰力としては，造波減衰力と粘性減衰力を考慮する．造波減衰係数は，線形ポテンシャル理論に基づいて評価する．粘性減衰力については，各部材に作用する粘性抗力の寄与をモリソン式によって算定する．
> (4) 復原力係数
> 静水圧による復原力係数は，浮体の各モードの運動時の浮力変化から算定する．係留系復原力は係留ラインの取付け部端部における変位と反力の関係から求める．
> (5) 強制外力
> ① 波浪時
> 波と同周期の1次波浪強制力のほかに，風圧力，潮流力および長周期の変動波漂流力（差周波数2次波浪強制力）を，緊張係留浮体ではさらに和周波数2次波浪強制力も必要に応じて考慮する．波浪強制力は細長体であればモリソン式によって，回折影響を考慮する必要がある場合には，ポテンシャル理論に基づいて評価する．風圧力および潮流力の算定は「4.1.2 b. (2)風荷重」および「4.1.2 b. (4)流れ荷重」による．
> ② 海震時
> 海水の圧縮性を考慮したポテンシャル理論に，震源海底面における速度連続条件，浮体と海水との接触面における固体表面条件および無限大周波数を仮定した自由表面条件を考慮して評価する．

① 質量係数

浮体の重量分布に基づいて算定する．積載荷重の変動，積載する液体の振動効果なども実情に応じて考慮する．

② 付加質量係数

線形ポテンシャル理論に基づいて評価する．細長体の場合には，次のモリソン式によって算定してもよい．

$$dm_{\alpha\alpha} = \rho C_m A \sin^2(\alpha, l) dl$$
$$dm_{\alpha\beta} = -\rho C_m A \cos(\alpha, l)\cos(\beta, l) dl, \quad \alpha \neq \beta \tag{4.21}$$

ここに，$dm_{\alpha\beta}$は部材の長さ要素dlあたりの付加質量（β方向の単位振幅運動によるα方向の付加質量），ρは海水の単位体積あたり質量，C_mは付加質量係数（断面形状による），Aは断面積，(α, l)は部材軸lとα方向のなす角度，(β, l)は部材軸lとβ方向のなす角度である．

式(4.21)を積分して部材ごとの付加質量を求め，さらに浮体を構成する部材全体の総和をとり，浮体全体の付加質量を求める．

③ 減衰係数

減衰力としては，造波減衰力と粘性減衰力を考慮する．造波減衰係数は，線形ポテンシャル理論に基づいて評価する．粘性減衰力については，各部材に作用する粘性抗力の寄与を次のモリソン式によって算定する．

$$dF_{Dn} = \frac{1}{2}\rho C_D D (U_n - \dot{\xi}_n)|U_n - \dot{\xi}_n| dl \tag{4.22}$$

ここに，dF_{Dn}は部材の長さ要素dlに作用する抗力の部材直交方向成分，C_Dは抗力係数（断面形状による），Dは部材断面に関する代表寸法（円形断面の場合は直径），U_nは水粒子速度の部材直交方向成分，$\dot{\xi}_n$は部材速度の部材直交方向成分である．

抗力係数C_Dは，次式のように等価線形化して扱うことができる．

$$C_D(U_n - \dot{\xi}_n)|U_n - \dot{\xi}_n| = \sqrt{(8/\pi)} C_D \sigma_{U_n - \dot{\xi}_n}(U_n - \dot{\xi}_n) \tag{4.23}$$

ここに，$\sigma_{U_n - \dot{\xi}_n}$は$U_n - \dot{\xi}$の標準偏差である．

式(4.22)を積分して部材ごとの粘性抗力を求め，さらに浮体を構成する部材全体の総和をとり，浮体全体に働く抗力を求める．

④ 復原力係数

静水圧による復原力係数は，浮体の各モードの運動時の浮力変化から算定する．係留系の復原力は係留ラインの取付け部端部における変位と反力の関係から求める．係留系の復原力は一般に非線形となるが，緩い係留の場合は，通常これを等価な線形ばねに置き換え，線形系として扱う．

⑤ 強制外力（波浪時）[4-54]～[4-64]

波浪時の強制外力としては，波と同周期の1次波浪強制力のほかに，風圧力，潮流力および長周期の変動波漂流力（差周波数2次波浪強制力）[4-55], [4-61]を，緊張係留浮体ではさらに和周波数2次波浪強制力[4-57], [4-62], [4-63]も必要に応じて考慮する．波浪強制力は細長体であればモリソン式によって，回折影響を考慮する必要がある場合にはポテンシャル理論に基づいて評価する〔4.1.4 c. (1)（i）波と流れによる流体力　参照〕．風圧力および潮流力の算定は「4.1.2 b. (2) 風荷重」および「4.1.2 b. (4) 流れ荷重」による．

⑥ 強制外力（海震時）[4-17], [4-65], [4-66], [4-67]

海震時の強制外力は，海水の圧縮性を考慮したポテンシャル理論〔4.1.4 c. (1)（i）②回折理論　参照〕に，震源海底面における速度連続条件

$$\frac{\partial \phi}{\partial z} = \frac{\partial w}{\partial t} \quad z = 0 \tag{4.24}$$

浮体と海水との接触面における固体表面条件および無限大周波数を仮定した自由表面条件$\phi = 0$ ($z = d$)を考慮して評価する．ここに，wは海底地盤面の鉛直変位，その他の記号は「4.1.4 c. (1) 着底式」に示している．

(iii) メモリー影響

> 運動方程式の構成にあたっては，付加質量項と付加減衰項が有する履歴依存性（メモリー影響）を考慮する．

運動方程式(4.20)を構成する各項のうち，付加質量項と付加減衰項は過去の履歴に依存することが知られており，その厳密な表示式は，浮体の運動により生じる瞬時の流体力を単位インパルス応答のたたみ込み積分によって表現すれば，次式のようになる[4-68]．

$$m_{jk}\ddot{\xi}_k + N_{jk}\dot{\xi}_k = m_{jk}(\infty)\ddot{\xi}_k + \int_0^t L_{jk}(t-\tau)\dot{\xi}_k(\tau)d\tau \qquad (4.25)$$

ここに，ω は周波数である．また $L_{jk}(t)$ は遅延関数，$m_{jk}(\infty)$ は無限大周波数での付加質量係数であり，それぞれ次式で表される．

$$L_{jk}(t) = \frac{2}{\pi}\int_0^\infty N_{jk}(\omega)\cos\omega t\, d\omega, \quad m_{jk}(\infty) = m_{jk}(\omega) + \frac{1}{\omega}\int_0^\infty L_{jk}(t)\sin\omega t\, dt \qquad (4.26)$$

流体力や係留系の復原力が強い非線形性をもち，運動方程式を時間領域で解く必要がある場合には，式(4.25)に示したようなメモリー影響関数（遅延関数）を含んだ表示式を用いるのがより厳密な方法であるが，計算時間は膨大なものになる．そこでメモリー影響関数を求めずに，式(4.25)の付加質量項と付加減衰項をフーリエ変換して得られる周波数領域型の表示式の流体力係数を一定とした次の近似式が通常よく用いられる[4-29]．

$$m_{jk}\ddot{\xi}_k + N_{jk}\dot{\xi}_k = m_{jk}(\omega)\ddot{\xi}_k + N_{jk}(\omega)\dot{\xi}_k \qquad (4.27)$$

流体力係数としては，波浪スペクトルのピーク周波数での値か浮体－係留系の固有振動数での値が用いられることが多い．

(3) 応答解析[4-69]

> 着底式および浮体式の運動方程式を解いて応答を求めるには，周波数領域におけるスペクトル応答解析か時間領域における時刻歴応答解析を用いる．

応答解析には，スペクトル応答解析により周波数領域で応答を求める方法と時刻歴応答解析により時間領域で応答を求める方法がある．

（ⅰ）スペクトル応答解析

スペクトル応答解析法は，外力と応答の周波数特性を表現するうえで最も実用的な手法である．不規則波を多数の成分波の重ね合せとして表すため，基本的には線形問題にしか使えない．しかし，対象とする問題が強非線形性を有しない限りは，等価線形化によりスペクトル応答解析法を適用することができる．例えば，モリソン式の抗力項は非線形であるが，等価線形化により線形問題に置き換えて解くことができる．

波に対する応答解析の場合は，以下のような手順になる．

① 設置海域の波浪スペクトルを設定する
② 構造物に作用する波力スペクトルを算定する
③ 構造物の周波数応答関数を求める
④ 波力スペクトルに周波数応答関数を乗じて構造物の応答スペクトルを求める
⑤ 構造物の応答スペクトルを全周波数領域で積分して応答の二乗平均値を求める

（ⅱ）時刻歴応答解析

動的外力に対する応答について時間領域で直接求める方法を時刻歴応答解析あるいは直接積分法と呼び，線形問題にも非線形問題にも適用できる点で汎用性が高い手法である．時刻歴応答解析計算アルゴリズムは陽解法と陰解法に大別することができる．

① 陽解法

陽解法は，時間刻みを Δt としたとき，時刻 $t+\Delta t$ の解が時刻 t およびそれ以前の解を用いて完全に表すことのできる方法である．代表的なものに中央差分法や Runge-Kutta 法がある．一般に陽解法は，ある Δt に対して条件つき安定が得られるに過ぎないため，安定条件を満たすために十分小さな Δt を用いる必要がある．波動伝播が重要となる問題，すなわち高次モードが現象を支配する問題，例えば衝撃解析において用いられる．

② 陰解法

陰解法は，時刻 $t+\Delta t$ の解が時刻 t およびそれ以前の解のみでは表現することができず，時刻 $t+\Delta t$ の加速度が必

要となる方法である．代表的なものにNewmarkのβ法やWilsonのθ法がある．一般に陰解法は，あるΔtに対して無条件安定となるので，比較的大きなΔtを用いることができる点で有利であるが，時間刻みごとの計算量は多くなる．波動伝播がそれほど重要な位置を占めない問題，すなわち波浪応答，地震応答，風応答のように低次モードが現象を支配する問題に適している．時間刻みごとに解の収束計算を行う繰返し法を用いるため，計算時間は長くなる．時間刻みΔtの推奨値は，対象とする最小固有周期の1/5または1/6程度である．

d. 安定解析

(1) 着底式

> 着底式が滑動，転倒，浮上などを生じることなく，その安定な平衡位置にとどまるために，それを支える海底地盤が十分な支持能力を有していることを確認する．

着底式が構造システム全体の滑動，転倒，浮上などを生じることなく，その安定な平衡位置にとどまるためには，それを支える海底地盤が十分な支持能力を有していなければならない．そのためには，最大レベルの荷重に釣り合う地盤反力を構造解析によって算定し，地盤の極限支持力を超えないことを確認する手続きが必要である．この手続きは，海中部分に作用する静水圧と浮力の存在に注意する以外は，陸上建築物の場合と変わらない〔4.1.6 位置保持システム a. 着底式　参照〕．

(2) 浮体式

> 浮体式（曳航時の着底式建築物を含む）が転覆，沈没，流出などを生じることなく，その安定な浮遊状態を保持しうるために，十分な復原性を有していることを確認する．

浮体式（曳航時の着底式建築物を含む）が転覆，沈没，流出などを生じることなく，その安定な浮遊状態を保持しうるためには，積載荷重の移動や風，波浪などによる傾斜モーメントに抵抗しうるだけの十分な復原性を有していなければならない．

（i）静的安定条件

> 静的な浮体の安定条件は，メタセンター高さが正となることである．

浮体の復原性を評価する最も基本的なパラメーターはメタセンター高さ$\overline{GM}$である．浮体が水線面の図心を通るある水平軸の周りに微小傾斜したとする〔図4.9〕．このとき，浮心Bは傾斜前の位置B_0からB_1に移動する．B_0を通る浮力の作用線とB_1を通る浮力の作用線の交点Mをメタセンターと呼び，浮体の重心GとメタセンターM間の距離$\overline{GM}$をメタセンター高さと呼んでいる．GがMよりも下方にある場合を$\overline{GM}$が正であるといい，GがMよりも上方にある場合を$\overline{GM}$が負であるとする．

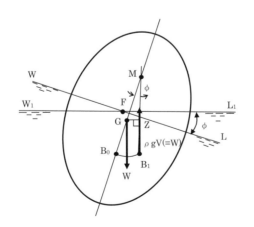

図4.9 メタセンター

浮体の静的な平衡状態の安定性は重心GとメタセンターMの相対的な位置，つまり$\overline{GM}$の正負によって定まる．$\overline{GM}$が正であれば，平衡状態を乱すような微小傾斜ϕが生じても，浮体に働く重力Wと浮力$\rho gV(=W)$がϕを減ず

る方向のモーメントを生じ，浮体を最初の平衡状態に戻そうとする．つまり，安定である．逆に$\overline{GM}$が負であれば，ますます傾斜を増す方向にモーメントが作用するので，不安定である．

メタセンター高さ$\overline{GM}$は，下式によって算定できる[4-52]．

$$\overline{GM} = \frac{I - \sum(w_0'/w_0)i}{V} + \frac{M}{w_0 V} - \overline{BG} \tag{4.28}$$

ここに，Iは傾斜軸周りの水線面2次モーメント，iは自由水の自由表面の面積中心を通り傾斜軸に平行な軸周りの自由表面2次モーメント〔図4.10〕，w_0は海水の単位体積重量，w_0'は自由水の単位体積重量，Vは排水容積，Mは単位傾斜角が生じたときの係留系より付加される復原モーメント，$\overline{BG}$は浮心Bと重心Gの距離（BがGの下方にある場合を正）である．

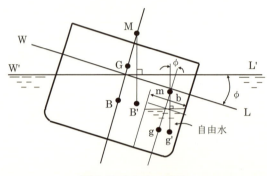

図4.10 自由水の影響

水面付近の形状が複雑な場合，傾斜試験を行い，下式によりメタセンター高さを算定することができる．

$$\overline{GM} = \frac{wl}{W \tan \phi} \tag{4.29}$$

ここに，Wは浮体の重量，wは移動した荷物の重量，lは移動距離，ϕは傾斜角である．

$\overline{GM}$の許容最小値について，DnV (Det Norske Veritus) 規則[4-70]などでは，ポンツーン式の場合0.5m，半潜水式の場合1.0m，また喫水変更のときには，両者とも0.3mを規定している．

(ⅱ) 動的安定条件

> 動的荷重を受ける浮体の安定条件は，復原エネルギーが風，波浪などによる傾斜エネルギーを上回ることである．

風，波浪などの動的荷重を受ける場合の浮体の安定性の条件は，風，波浪などが浮体を傾斜させようとする仕事量＝傾斜エネルギーよりも，浮体が傾斜する間に復原力に抗してなす仕事量＝復原エネルギーが大きくなることである．図4.11は，この関係を概念的に示したものであり，復原モーメント曲線の下側の面積A+Cが復原エネルギーを，風傾斜モーメント曲線の下側の面積B+Cが風荷重による傾斜エネルギーを表している．

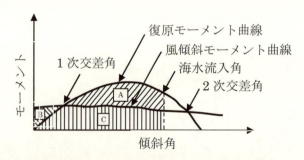

図4.11 風傾斜モーメント曲線と復原モーメント曲線（非損傷時）

復原エネルギーは復原モーメント曲線を傾斜角0からその傾斜角までの範囲で積分したものであるから，それを評価するには，傾斜角の広い範囲にわたって復原モーメントを求めておくことが必要となる．

大傾斜時の復原モーメントは，次のアトウッドの式[4-52]によって算定できる〔図4.12〕．

$$M_R = W\left(\frac{v \times \overline{hh'}}{V} - \overline{BG}\sin\phi\right) \tag{4.30}$$

ここに,W は浮体の重量,V は排水容積,v は没水部および露出部の体積,$\overline{hh'}$ はv の体積中心g,g' 間の水平距離,$\overline{BG}$ は浮心B と重心G 間の距離(B がG の下方にある場合を正)である.

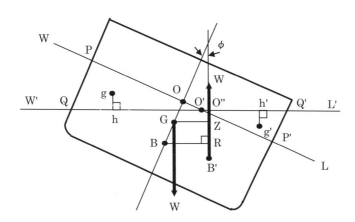

図4.12 大傾斜時の復原モーメント

復原エネルギー E_R は,次のモズレーの式[4-52]によって算定できる.

$$E_R = W\left[\frac{v \times \left(\overline{gh} + \overline{g'h'}\right)}{V} - \overline{BG}(1 - \cos\phi)\right] \tag{4.31}$$

ここに,$\overline{gh} + \overline{g'h'}$ は,g,g' 間の垂直距離である.

浮体式の復原性に関する規則のうちで標準的なものとして国際的に認知されているものに,IMO の MODU CODE [4-71]がある.これは移動式石油掘削リグの安定性評価基準を復原エネルギーが風荷重による傾斜エネルギーよりも大きいこととして規定したもので,各国政府および各船級協会の復原性規則はおおむねこの考え方を採用している.規則では,復原エネルギーは風荷重による傾斜エネルギーに対して十分余裕のあるものでなければならないとして,安定性評価基準を下式によって規定している.

$$\begin{array}{l} A + C \geq 1.3(B + C) \quad :半潜水式の場合 \\ A + C \geq 1.4(B + C) \quad :ポンツーン式の場合 \end{array} \tag{4.32}$$

復原力曲線の面積計算の範囲は,直立状態から海水流入角または復原モーメントと傾斜モーメントの2次交差角のどちらか小さい方までをとることとしている.DnV 規則[4-71]などは,このほか風傾斜曲線と復原力曲線の1次交差角が15°以下,また2次交差角および海水流入角が30°〜35°以上であることを要求している.

式(4.32)を適用する場合の風傾斜モーメントは,「4.1.2 b. (2) 風荷重」の規定に従って算出された風荷重に,風圧力の着力点から流体抵抗力の着力点までの垂直距離を乗じて求められる.風洞試験データを用いて算出してもよい.風傾斜モーメントを算出する場合の設計風速として,多くの規則では,常時および喫水変更時に36m/s(70ノット),暴風時に51.6m/s(100ノット)をとることを規定している.

浮体式の場合には,暴風時におけるエアギャップの確保を考慮するため,稼働時と暴風時とでは異なった喫水状態となることが多い.暴風時が必ずしも安定性において不利であるとはいえないので,それぞれの状態について復原性の検討を行うことが必要である.

(iii) 損傷時の復原性

復原性の検討は,非損傷状態および損傷状態について行う.

復原性の検討は,非損傷状態についてはもちろん,損傷状態についても行って,損傷後もなおかつ復原性が残存することを確認する必要がある.この場合,多くの可能性のある損傷の状態を設定して,それぞれについて所要の復原性が確保されていることを確認することになるが,周囲の環境条件は非損傷時よりも緩やかなものであってもよい.

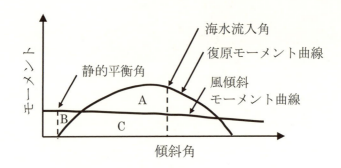

図 4.13 風傾斜モーメント曲線と復原モーメント曲線（損傷時）

損傷後の残存復原性については種々の考え方があり，浮体の形状や建築物の用途，重要度によっても状況が異なるため，一律には規定しがたい．前出の IMO MODU CODE[4-71]では，損傷状態として外板に孔があいて1つの区画に浸水し，浮体が新しい喫水にまで沈んで傾斜した状態を想定し，その状態において最も厳しい方角から風速25.8m/s（50ノット）の風荷重が作用しても，開口が水面下に没することがないように規定している．DnV 規則[4-70]などでは，さらに，損傷時の最大傾斜角（静的平衡角）を15°以下とすることや，損傷時の安定性評価基準を式(4.33)とすることに加えて，復原性範囲として損傷後の静的平衡角から海水侵入角または2次交差角のいずれか小さい方までをとることを規定している〔図4.13〕．

$$A+C \geq B+C \tag{4.33}$$

e. 疲労解析

(1) 解析の流れ

> 疲労解析は，海洋建築物の全使用期間における累積損傷を対象とする．このため，長期にわたる波浪環境，応力範囲，応力集中，疲労抵抗を評価したうえで，疲労損傷を求める必要がある．

疲労は，繰返し変動応力により海洋建築物の特定の位置に累積される損傷（局所累積損傷）である．主に波の作用による変動応力が対象となるが，風の作用，海流や潮流による渦励振なども疲労に寄与する．設計において疲労を扱う場合，通常，S-N 曲線を用いた解析が用いられる．一連の解析には，使用期間中の波浪環境，応力範囲，応力集中，および疲労抵抗の評価が含まれる．

局所累積損傷が生じる位置として最も注意すべき部位は，溶接接合部および溶接部に隣接する部材内の熱影響部である．溶接部または熱影響部に存在する微視的な亀裂（欠陥）が変動応力の影響下で亀裂成長の開始因子となり，亀裂が徐々に進展して巨視的な亀裂になる．疲労設計においては，一般に不確定性がきわめて大きくなるため，それに見合う安全率を採用する必要がある．ただし，定期検査やモニタリング技術を取り入れることにより，過度に大きな安全率を緩和することができる．

(2) 波浪環境

> 使用期間中の波浪環境は，短期波浪条件と長期波浪条件に分けて考える．短期波浪条件は，波浪スペクトルの形で与える．長期波浪条件は，数多くの短期波浪条件をつなぎ合わせることにより与える．

短期波浪条件と長期波浪条件に分けて解説する．

（i）短期波浪条件

短期波浪条件では，定常確率過程と見なすことのできる作用時間を考える．標準的な短期波浪条件の作用時間は，3時間である．短期波浪条件は，波浪スペクトルの形で与える．設計に用いる波浪スペクトルは，設計者の判断で選択することができる．十分発達した波浪の場合は，Pierson-Moskowitz 波浪スペクトルを用いる．一方，発達段階の途上にある波浪の場合は，JONSWAP 波浪スペクトルを用いる．波浪スペクトルは，平均風向を中心にばらつく．風向による波浪スペクトルの違いを表現するため，方向スペクトルを用いる．

（ii）長期波浪条件

長期波浪条件は1年間または全使用期間が対象になる．数多くの短期波浪条件をつなぎ合わせることにより長期波浪条件を表現する．全使用期間を対象とする疲労解析を行う場合は，典型的な1年間の長期波浪条件が繰り返し作用すると仮定してよい．

長期波浪条件は，以下のような3変数の同時確率密度関数を用いて表すことができる．

$$p(H_S, T_R, \theta_m) \tag{4.34}$$

ここに，H_S は有義波高，T_R は代表周期，θ_m は平均風向である．しかし，実際には3変数の同時確率密度関数を求めることは容易でないため，以下のような表現を用いる．

$$p(H_S, T_R, \theta_m) = p(\theta_m) \cdot p(H_S, T_R) \tag{4.35}$$

ここに，$p(\theta_m)$ は平均風速の確率密度関数，$p(H_S, T_R)$ は有義波高と代表周期の同時確率密度関数である．

(3) 応力範囲

> 使用期間中の応力振幅履歴を求めるため，スペクトル応答解析または時刻歴応答解析を用いる．どちらの場合も，第一段階で短期波浪条件に対する応力範囲と繰返し回数を求め，第二段階で長期波浪条件を考慮して使用期間中の応力範囲履歴を求める．

構造部材または接合部に生じる応力は，構造物全体への動水力学的作用により生じる架構全体の変形に伴う応力成分と個々の部材に直接作用する動水力学的作用により生じる局所的な応力成分の和である．この変動応力を求めるために構造物全体の応答解析を行う．

応答解析には荷重と構造モデルが必要である．疲労解析では応力範囲が対象になるため，荷重としては静的成分を除去した変動成分のみを考えればよい．このとき，複数の波向（最低でも8方位）に関して検討する必要がある．構造モデルとしては，着底式の場合は上部構造と基礎構造，浮体式の場合は浮体構造と係留装置を一体としてモデル化する必要がある．ねじれなどの構造物の3次元挙動を表現できるように，剛性分布と質量分布を適切に評価した構造モデルを作成する．減衰は粘性減衰として扱う．

スペクトル応答解析または時刻歴応答解析を用いて，疲労を検討する部位における使用期間中の応力範囲履歴を求める．

（i）スペクトル応答解析を用いる場合

まず，短期波浪条件としての波浪スペクトルに構造物の周波数応答関数（伝達関数ともいう）を乗じ，全周波数領域で積分することにより短期の応力振幅を求める．積分する前の段階で，構造物の応答の周波数特性を把握することができる．次に，長期波浪条件を考慮して短期の応力振幅を重ね合わせることにより長期の応力振幅履歴を求める．

（ii）時刻歴応答解析を用いる場合

まず，短期波浪条件を10段階以上の波高の規則波に分割し，各波高に対応する波周期を決定する．波高と波周期の組合せを変えずに波向ごとに応答解析を行う．波高ごと，波向ごとの応答の寄与を重ね合わせることにより短期の応力振幅を求める．次に，長期波浪条件を考慮して短期の応力振幅を重ね合わせることにより長期の応力振幅履歴を求める．

(4) 応力集中

> 切欠き，孔，溶接部，断面の急変など形状不連続性がある部位においては，応力集中の影響を考慮する．

形状不連続性がある部位では，応力集中の影響を考慮するために，応答解析で得られた応力範囲に応力集中係数を乗じて，危険部位における局所的な応力振幅を評価する．応力集中係数は，次式で定義される．

$$\alpha = \frac{\sigma_{max}}{\sigma_0} \tag{4.36}$$

ここに，σ_{max} は切欠き材の最大応力，σ_0 は平滑材の応力である．

(5) 疲労抵抗

> 検査により巨視的な亀裂が認められない場合は，S-N曲線を用いて疲労抵抗を評価する．検査で巨視的な亀裂が見つかった場合は，S-N曲線の代わりに破壊力学的手法を用いた疲労抵抗の評価を行う．

S-N 曲線を用いる場合と破壊力学的手法を用いる場合に分けて解説する．

（ⅰ）S-N 曲線を用いる場合

S-N 曲線は疲労に対する材料（主に鋼材）の抵抗を定量的に表す関係式である．材料の疲労実験により，一定応力振幅の下で破壊に至るサイクル数は，以下の回帰式で与えられることが知られている．

$$N = KS^{-m} \tag{4.37}$$

ここに，N は一定応力振幅 S の下で破壊に至るサイクル数，S は一定応力振幅，K と m は材料定数である．

両辺の対数をとると，$\log_{10} N$ と $\log_{10} S$ の線形関係が以下のように与えられる．

$$\log_{10} N = \log_{10} K - m \log_{10} S \tag{4.38}$$

この関係を表した図が S-N 曲線である．材料定数 m は，S-N 曲線の負勾配の逆数になる．

疲労の累積量は Palmgren-Miner 則として知られる一定振幅応力範囲の下での線形損傷累積の仮定に基づき，以下のように評価する．

$$D = \sum_i \frac{n_i}{N_i} \tag{4.39}$$

ここに，D は時間 T における疲労損傷指標（無次元量），n_i は時間 T の間に生じた応力振幅 S_i のサイクル数，N_i は一定応力振幅 S_i の下で疲労破壊に至るサイクル数（S-N 曲線より求まる）である．

上式は，海面の状態を多段階の一定応力振幅 S_i に分割することにより用いることができる．

基本的には，$D = 1$ のときに疲労破壊が生じると考える．しかし，疲労解析は大きな不確定性を有しているので，安全率を大きめにとって $D \leq 0.2$ とする．

疲労累積評価に基づき，同一条件下における疲労寿命 L は，以下のように推定することができる．

$$L = \frac{T}{D} \tag{4.40}$$

ここに，L は疲労寿命の推定値，T は疲労累積評価を行った時間（年数），D は時間 T の間の疲労損傷指標である．

（ⅱ）破壊力学的手法を用いる場合

破壊力学的手法は S-N 曲線を用いることが不適切であると認められる場合，溶接部および構造部材の疲労寿命を定量化するために用いられる．疲労破壊に至るまでのサイクル数は，疲労亀裂成長則の積分により求める．疲労亀裂成長則は，以下に示す Paris 則に基づくものとする．

$$\frac{da}{dN} = C(\Delta K)^m \tag{4.41}$$

ここに，a は亀裂深さ，N は破壊までのサイクル数，ΔK は応力拡大係数範囲，C と m は亀裂成長速度のパラメーターである．

応力拡大係数範囲 ΔK は，次式で与えられる．

$$\Delta K = Y(\Delta \sigma)\sqrt{\pi a} \tag{4.42}$$

ここに，Y は正規化した応力拡大係数，$\Delta \sigma$ は応力範囲である．

破壊までのサイクル数は，式(4.41)を積分することにより次式で与えられる．

$$N = \int_{a_i}^{a_f} \frac{da}{C[Y(\Delta \sigma)\sqrt{\pi a}]^m} \tag{4.43}$$

ここに，a_i は初期の亀裂サイズ，a_f は最終的な亀裂サイズである．

f. 脆性破壊解析

> 脆性破壊に対する安全性の検討は，以下の場合に行う．
> (1) 設置海域が氷海域である
> (2) 溶接による残留応力が大きい
> (3) 構造的に応力集中が生じやすい
>
> 脆性破壊の検討には，切欠き靱性や応力拡大係数などを用いる．

鋼は高温では延性破壊，低温では脆性破壊する．すなわち，延性－脆性遷移挙動を示す．脆性破壊は，温度が低いほど，変形速度が速いほど，そして残留応力が大きいほど発生しやすい．したがって，設置海域が氷海域である，溶接による残留応力が大きい，構造的に応力集中が生じやすい場合などは，脆性破壊に対する検討が必要である．

脆性破壊の評価にあたっては，切欠き靱性や応力拡大係数などを用いる．切欠き靱性は，シャルピー衝撃試験を行ったときの吸収エネルギーである．鋼材に溶接不良があると低温切欠き脆性の低下を招き，溶接割れを生じやすい．応力拡大係数は破壊力学で用いられ，欠陥の大きさ・形状と作用する引張力の大きさに依存する力学パラメーターである．応力拡大係数が材料の破壊靱性を超えると破壊するという破壊基準に基づいて評価する．現在では低炭素化やマンガン・珪素などの脱酸元素を添加した溶接性のよい鋼が開発され，脆性破壊は大幅に減少している．

g. 衝撃解析

> 偶発作用として，船舶や流氷・氷山の衝突，ヘリコプターの墜落・衝突，または内部・外部爆発による衝撃荷重が海洋建築物に作用すると想定される場合は，想定作用領域を限定したうえで衝撃解析を行い，被害が許容範囲内におさまることを確認する必要がある．

衝撃荷重の発生確率は小さいが，いったん発生すると局所的に甚大な人的・物的被害をもたらす．船舶や氷山の衝突や外部爆発が想定される外縁部，ヘリコプターの墜落・衝突が想定されるヘリポート周辺，ガスや可燃性物質の使用が想定される内部空間などにおいては，衝撃解析を行って，衝撃荷重が作用したとしても被害が想定を超えて大きくならないことを保証する必要がある．衝撃荷重はミリ秒以下のごく短時間，きわめて大きなピーク値を有するパルス波として作用する．このため，地震時や暴風時のときのように構造物全体の応答を励起するのではなく，荷重が作用した限定された領域で大きな部材応答を引き起こしやすい．荷重作用時間と構造部材の固有振動数との関係により，部材応答は，衝撃載荷領域，動的載荷領域および準静的載荷領域に分けられる．衝撃載荷領域のときは力積応答解析，動的載荷領域のときは時刻歴応答解析，準静的載荷領域のときは静的解析により，最大応答を求めることができる．ただし，時刻歴応答解析はどの載荷領域でも用いることができる．最大応答を許容値と比較することにより安全性あるいは機能性（主に機能維持）の検討を行う．

h. 進行性破壊解析

> 海洋建築物の設計荷重を超えるような想定外荷重が作用して一部の部材が破壊した場合でも，構造物全体または主要部が崩壊しないように，進行性破壊解析を行うことにより構造物にロバスト性が付与されていることを確認する必要がある．

進行性破壊解析は，偶発的な事象が発生し，1部材または少数部材に欠損や超過荷重が生じたとしても，応力再配分により破壊が連鎖的に拡大することなく，構造システム全体または主要部の安定性が保持されることを保証する目的で行われる．1980年3月27日，北海のノルウェー沖において，海底油田掘削プラットフォームのアレキサンダーキーランド号（5本のコラムの上にデッキが載った半潜水式）が進行性破壊を起こし，作業員212人中123人が死亡するという大惨事が発生した．暴風雨の中でコラムの1本が切断され，すぐにバランスを喪失して30度傾き，その約30分後に反転転覆に至った．救命袋や救命艇は準備されていたが，急速に進行する破壊のため避難行動に移れず多くの犠牲者を出した．コラムに接合された水平材の溶接欠陥から進展した疲労亀裂が原因だった[)．この事故後，海洋構造物の限界状態設計において進行性破壊限界状態が取り入れられた．進行性破壊解析としては，1本あるいは少数の部材を取り除いても構造全体あるいは主要部の安定性が確保されるかを確認する方法がよく用いられている〔4.1.4 d.(2)浮体式　参照〕．

4.1.5 部材設計

a. 部材設計の基本

> 構造システムが，各荷重レベルで要求される安全性・機能性・居住性に関する目標性能を満足するためには，そのシステムを構成する部材に生ずる応力や変形，座屈に対して十分に安全であるように部材設計することが必要である．とくに，海中部，海底部に位置する部材においては，大きな水圧を受けることに留意するとともに，厳密な水密性の確保が要求される．

海洋建築物は，環境条件から大きく海上部，海中部，海底部に分けられる．海域特有の適切な荷重組合せのもとで応力解析を行い，部材に生じた応力に対して陸上建築物と同様の断面算定を行う．

部材の設計に必要な設計式は，使用する材料あるいは構造形式に応じて，本会「鋼構造設計規準－許容応力度設計法－」[4-76]，「鋼構造塑性設計指針」[4-77]，「鋼構造限界状態設計指針・同解説」[4-78]，「鉄筋コンクリート構造計算規準・同解説」[4-79]，「プレストレストコンクリート設計施工規準・同解説」[4-80]や「建築基礎構造設計指針」[4-81]などから部材性能を適切に評価できる強度式などを用いることとし，本指針ではとくに提示しない．

部材設計に際しては，建設時に作用する外力（運搬・曳航時，設置時などの環境荷重）に対しても十分に安全な設計をしなければならない．海水による浸食は海面付近が大きいので，部材設計では浸食の影響を考慮することが望ましい．

鉄筋コンクリート構造（プレストレストコンクリート構造を含む）の部材設計においては，海洋環境に対する耐久性を考慮して，十分なかぶり厚さを確保する，もしくは耐腐食性に優れたコーティングを施した鉄筋を使用するなどの配慮が必要である．

b. 着底式

> 海上，海中，海底およびそれらを組み合わせて建築空間として利用する場合，次の考え方で部材設計を行う．いずれの場合も，波浪，潮流，水圧などの荷重条件や海底の地盤条件を考慮し，適切な部材構成と断面形状を選定したうえで，安全性・機能性・居住性に関する目標性能を満たすこととする．
> (1) 海上を建築空間として利用する場合は，海上部を支持する構造としてジャケット式，杭式，および重力式が考えられる．
> (2) 海中を建築空間として利用する場合は，海中での安定的な位置保持のために，トラス材やケーブル材などの小断面部材を組み合わせたメガストラクチャーを設置したうえで，モジュール化したユニットを配置することが考えられる．
> (3) 海底を建築空間として利用する場合は，大水深の厳しい静水圧や海底地震に耐えうる円筒シェル，球形シェルなどのシェル構造，あるいはそれらを組み合わせた複合シェル構造が考えられる．

海上を建築空間として利用する場合は，ジャケット式や杭式の支持部材は，潮流や波浪荷重に対して最小負荷となるように，支柱やブレースに円形断面の鋼管が多用される．重力式では支持部材の内部を貯蔵施設やバラストのために利用する関係から円筒形や箱形も多用される．大きな水圧を面外方向に受けるため，隔壁によって仕切られることも多い．海中・海底を建築空間として利用する場合は，水圧と水平力に効率よく抵抗する円筒シェルや球形シェルが有利である．既存の海中展望塔の多くが円筒シェルの構造からなるのはこの一例である．

使用期間中における水密性を確保するとともに，累積する高サイクル疲労に留意して部材設計を行う必要がある．また，1つの部材損傷がシステム全体の安定性（剛性低下など）に影響を与えないよう，損傷を考慮した解析によりロバスト性を確認しておくことも重要である．

鋼構造と鉄筋コンクリート構造の部材設計上の留意点を以下にまとめる．

(1) 鋼構造

海中部の空間を利用する場合は，海水の流入を防ぐために外壁を二重構造とし，海水が流入しても浸水範囲の拡大を防止するために隔壁構造を採用することが望ましい．

ジャケット式に代表される立体鋼管トラス構造は，軽量かつ高剛性を実現できる．また，部材断面を小さく抑えられるため，波浪や潮流などの影響を最小限にとどめることができる．波浪による繰返し荷重に対する接合部の疲労破壊には，十分留意する必要がある．

鋼管トラスやケーブル材などを組み合わせたメガストラクチャー[4-72]は，モジュール化したユニットを配置することにより，施設の増設，配置変更および撤去・交換などによる機能・用途変更や長期間の使用が可能となる．メガストラクチャーには，流れ荷重や地震荷重に加えて，海水中でのユニットの挙動による荷重が作用することになるので，メガストラクチャーの安全性だけではなく，ユニットの居住性や機能性に配慮して部材設計を行う．ユニットの連結方法としては，着脱が容易な接合型式が好ましいが，居住性や機能性が損なわれないような連結部剛性や減衰機構を選定する必要がある．

鋼管部材の座屈検討において，水圧と軸方向力の同時作用による局部座屈および水圧による円周方向応力（フープ応力）による座屈の検討が必要となる．鋼管内部に注水した場合は水圧による圧壊は考慮しなくてよい．

ジャケット式部材のT型，K型，Y型およびX型接合部の検討では，パンチングシヤー（押抜きせん断）による破断を防止する必要がある．

(2) 鉄筋コンクリート構造

鉄筋コンクリート部材では，水密性保持のため，曲げひび割れ強度およびせん断ひび割れ強度に対して十分な余裕度を確保する．海中部にあっては，ひび割れを生じさせないように曲げ応力や引張応力が生じる部材においては，プレストレスを導入して断面内の応力が圧縮応力のみとなるように部材設計する．大きな静水圧を受ける円筒形シェルや球形シェルの座屈に対する検討を行う．

c. 浮体式

浮体式により海上を建築空間として利用する場合，次の考え方で部材設計を行う．
(1) 浮体式を構成する部材は，安全性・機能性・居住性に関する目標性能を満たすとともに，重量バランス，バラスト搭載，喫水・乾舷（海面上の部分）などの条件に応じて浮体安定性を確保できるように適切に配置する．
(2) 浮体式はドライドックで建造し，サイトに曳航して設置されることが多い．したがって，建設後のみならず曳航中の安全性にも配慮する．
(3) 大規模浮体においては，ドライドックで建造されたモジュールを溶接接合，プレストレス接合，またはメカニカル接合する方式を念頭におく．メカニカル接合を採用することにより，可変性や可動性という陸域では得られないベネフィットを獲得することができる．

浮体内部の隔壁は，波浪外力などに対する過大な変形の防止だけではなく，船舶の衝突などによる浸水範囲および内部爆発などによる被害連鎖の拡大防止に機能し，かつ大規模な浮力損失や全体崩壊を生じさせない構造とする．

浮体式は上下よりも水平方向に広がる計画が多い．そのため，施工性あるいは構造計画上のベネフィットとしての可変性・可動性を考えると，モジュール化と適切な連結方法が重要になってくる．

鋼構造と鉄筋コンクリート構造の部材設計上の留意点を以下にまとめる．

(1) 鋼構造

甲板（デッキ板），外板（側板），および底板で囲まれる構造である．外板の板厚は断面寸法に比べ非常に小さくなるため，内部に隔壁および防撓材（梁，補剛材）などを配して，浮体の剛性を高める構造とする．

溶接設計においては，溶接による変形や残留応力の程度，溶接部の靭性確保および疲労に留意しなければならない．

メガフロートの実証実験では，設置海域においてモジュール相互を溶接接合により一体化した．洋上で接合する場合は，海中部での溶接接合を考慮しておかねばならない〔5.1.5 要素技術の確立 参照〕．

(2) 鉄筋コンクリート構造

浮体構造部を鉄筋コンクリート構造とする場合には，着底式と同様に海水に接する部分については，水中にある部材として十分な水密性を確保しなければならない．鉄筋コンクリートの海水に接する面に鋼板を用いるいわゆる鋼殻コンクリート構造を採用することで，水密性に優れた高剛性の外殻とすることも考えられる．

海上でモジュール浮体同士を連結する場合，一般的にはプレストレスによる接合が考えられる．接合部の引寄せ，仮固定，プレストレッシング，グラウチングまで，その施工の確実性，構造安全性を検討しなければならない〔5.1.5 要素技術の確立 参照〕．

陸上のドライドック（仮設も含む）でモジュール浮体を建造する際にも，施工性を考えるとサブモジュール化（プレキャスト化）が有効であろう．そうすることで部材の標準化ができ，作業の能率化，品質の向上が図ることができる〔5.4 実施例 参照〕．

4.1.6 位置保持システム
a. 着底式

> 着底式の基礎の設計にあたっては，以下の諸条件を調査し，施工方法を勘案する．
> (1) 採用の基礎方式による設置圧力，水平力
> (2) 設置海域の水深
> (3) 海底の地盤性状
> (4) 海流・潮流の方向・速度
>   設計外力として，海洋建築物の水中重量のほか，水平外力（潮流力，風圧力，波圧力，地震力，船舶接舷力を適宜組み合わせたもの）を考慮する．
>   設計外力に対して，設置面の滑動，浮上りが生じないこと，杭の引抜きが生じないことなどを適切な方法で確認する．

設計外力は，潮流力，風圧力，波圧力，地震力，船舶接舷力を組み合わせて算定する．
着底式の位置保持システムは，以下の方式に分類できる．

(1) 重力式

構造物の重量で海底に固定する方式で，比較的浅海で採用される．
水平抵抗力は，表4.6と次式により算定できる．

$$H_u = C_B A' + V \tan \phi_B \tag{4.44}$$

ここに，H_uはせん断抵抗力，C_Bは付着力，ϕ_Bは内部摩擦角，A'は有効載荷面積，Vは有効鉛直荷重である．
なお，転倒モーメントに対する安全性の検討も行う．

表4.6 内部摩擦角と付着力

海底地盤	ϕ_B	C_B
土	$2\phi/3$	0
岩	0.6	0

ϕ：土の内部摩擦角

洗掘が生じる可能性がある海底面には，捨石やコンクリートブロック（帆布，アスファルトマットなど併用）で洗掘防止マウンドをつくり，その上に構造物を着底させることが必要である．
構造物に作用する重量または浮力を調整することで，波浪水平力に対しては滑りを起こさせない程度に設置荷重を軽減し，水平地震動に対しては滑動を許容して免震効果をもたせる軟着底式も重力式の1つである．

(2) 杭式

構造物を杭で支持する方式で，重力式に比べると深い水深の場合に採用される．
鉛直荷重に対しては，杭の鉛直支持力で支持する．鉛直支持力は，地盤によって決まる場合と杭材の強度によって決まる場合がある．いずれか小さい方を採用する．水平荷重に対しては，杭の軸直角方向の抵抗力で対応する．転倒モーメントに対しては，杭の鉛直支持力と杭の引抜き抵抗力で抵抗する．引抜き抵抗力についても地盤によって決まる場合と杭材強度によって決まる場合があるので，注意が必要である．

(3) ジャケット式

ジャケットは鋼管を主材にして接点を溶接して組まれたやぐら状の構造で，海底に設置後脚部の鋼管内にパイルを打ち込んで杭として固定する．したがって海底地盤の性状をあらかじめ確認しておく必要がある〔地盤性状については「4.1.6 c.設置地盤」を参照〕．代表例として，阿賀沖石油掘削プラットフォームがある．

b. **浮体式**

> 浮体式の係留設計にあたっては，以下の条件を調査し，施工方法を勘案する．
> (1) 採用の係留方式による波浪応答量
> (2) 設置海域の水深
> (3) 海流・潮流の方向・速度
> (4) 海底の地盤性状
>
> 必要係留力として，潮流力，風圧力，波漂流力を適宜組み合わせたものを考慮し，索の切断，アンカーの移動，ドルフィンの構造安全性を適切な方法で確認する．

設計外力は，潮流力，風圧力，波圧力，船舶接舷力を組み合わせて算定する．

浮体式の位置保持システムは以下の方式に分類できる．

(1) 弛緩（索）係留方式

索には，アンカーチェーン，ワイヤロープがある．水深が小さいときには，ワイヤロープ，大きくなるとアンカーチェーンが使用されることが多い．図4.14に水深と係留方式による特性の比較を示す．

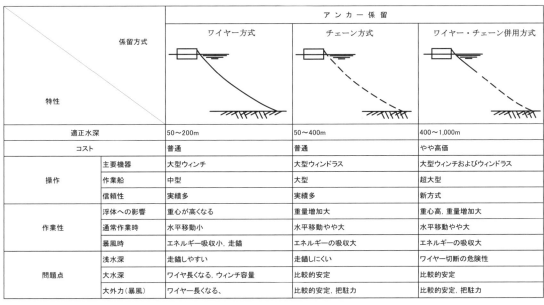

特性	係留方式	アンカー係留		
		ワイヤー方式	チェーン方式	ワイヤー・チェーン併用方式
適正水深		50～200m	50～400m	400～1,000m
コスト		普通	普通	やや高価
操作	主要機器	大型ウィンチ	大型ウィンドラス	大型ウィンチおよびウィンドラス
	作業船	中型	大型	超大型
	信頼性	実績多	実績多	新方式
作業性	浮体への影響	重心が高くなる	重量増加大	重心高，重量増加大
	通常作業時	水平移動小	水平移動やや大	水平移動やや大
	暴風時	エネルギー吸収小，走錨	エネルギーの吸収大	エネルギーの吸収大
問題点	浅水深	走錨しやすい	走錨しにくい	ワイヤー切断の危険性
	大水深	ワイヤ長くなる，ウィンチ容量	比較的安定	比較的安定
	大外力（暴風）	ワイヤー長くなる、	比較的安定，把駐力	比較的安定，把駐力

図4.14 係留索による位置保持の特性比較

アンカーチェーン係留の場合，索張力 T などは，以下の式によって求められる．

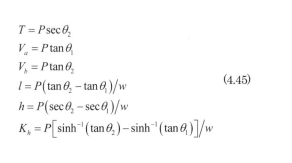
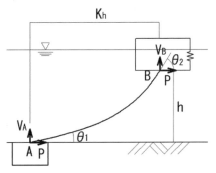

$$\begin{aligned}
T &= P\sec\theta_2 \\
V_a &= P\tan\theta_1 \\
V_b &= P\tan\theta_2 \\
l &= P(\tan\theta_2 - \tan\theta_1)/w \\
h &= P(\sec\theta_2 - \sec\theta_1)/w \\
K_h &= P\left[\sinh^{-1}(\tan\theta_2) - \sinh^{-1}(\tan\theta_1)\right]/w
\end{aligned} \quad (4.45)$$

図4.15 アンカーチェーン係留

ここに，P は必要係留力，l はチェーンの長さ，w はチェーンの単位長さあたりの水中重量である．その他の記号は，図4.15に示すとおりである．

チェーンの径を求めるにあたっては，チェーンの摩耗，腐食，生物付着などを十分考慮する．また，定期的に点検し，必要に応じて交換するなど維持管理に十分注意しなければならない．

アンカーには，重力型，引摺り型，埋設型がある．

埋設型は，海底にコンクリート製または鋼製のブロックを設置し，その重量と海底面での摩擦力により，索または鎖の引張力に抵抗させる方法である．錘の重量は通常50〜500t，得られる把駐力は30〜400tである．

参考までに，港湾基準で採用しているコンクリート把駐力の算定式を以下に示す．

$$\text{軟 泥}\quad T_A = 8W_A^{2/3} \qquad \text{硬 泥}\quad T_A = 5W_A^{2/3}$$
$$\text{砂}\quad T_A = 3W_A \qquad \text{平 岩}\quad T_A = 0.4W_A$$

ここに，T_A はアンカーの把駐力，W_A はアンカーの水中重量である．

引摺り型は，比較的小規模の場合に採用される．船舶で使われている錨を海底面に降ろし，錨の重量と海底面の引摺り抵抗により引張力に抵抗させるものである．錨の重量は通常0.5〜1t，得られる把駐力は1〜100tである．なお，岩盤には不適である．

(2) 緊張（索）係留方式

比較的大水深の場合に採用される．

浮体と海底に打設した基礎杭とをレグと呼ばれる鋼管または索で接続し，強制浮力によって生じる緊張力を利用して係留するもので，水平・垂直方向への動揺が小さな範囲にとどまり，設置海域が大水深の場合に有効である．

必要とする張力に相当するバラストを浮体に入れて，浮体とレグと基礎杭の接続工事を行い，その後バラストを除荷することで，レグに張力を与える方法がとられる．

レグの剛性，初期張力によって生じる浮体－係留系の固有周期が設計波の周期と同調しないよう留意する必要がある．なお，基礎杭には，レグの張力に抵抗できる以上の引抜き耐力が必要である．

(3) ドルフィン係留方式

複数本の杭の頭に緩衝材を取りつけた装置（ドルフィン）で，浮体の水平運動を緩やかに拘束する方式である．ドルフィンの設計においては，必要係留力を負担するドルフィンの個数を決定し，それに見合う抵抗力が保持できることを確認する．算定は，着底式の杭式構造に倣う．

(4) ダイナミックポジショニングシステム（DPS）

大水深などで物理的係留が困難な場合などに採用される．浮体の位置をGPSなどで監視し，所定の位置からずれたときに，推進装置（スラスター）を稼働・制御して元の位置に戻すシステムである．

スラスターには浮体を移動させることができる能力以上のものが必要であり，さらに移動する方向を自在にコントロールできる必要がある．

c. 設置地盤

地盤と基礎は一体となって海洋建築物の位置保持システムとして機能する．設置海域の海底地盤は，着底式の場合でも浮体式の場合でも，余裕をもって構造体を支持する能力が要求される．

(1) 海底地盤の特性

海洋建築物の基礎が設置される海底地盤は，陸上とは異なり常に飽和状態にある．このため，陸上に比べて地盤の有効応力は小さく，砂質土も粘性土もせん断強度が小さいことに留意する．

陸域での地下水位は地表面よりも下にあり，地表面付近は不飽和土である．これに対し，海域においては海底面が完全に没水しており，地盤全体が飽和状態になっている．このため，海底地盤のせん断強度や摩擦力が小さく，陸上に比べて基礎の支持力や杭の摩擦力が小さくなる．

海底地盤は，粘性土，砂質土および岩盤の3種類に大別できる．粘性土は，通常，強度の小さい軟弱粘性土である．海水に浸っているため自然含水比はほぼ液性限界で鋭敏比が高く，撹乱を受けた後は液化状態となる．砂質土は透水性が大きく，海水により有効応力が小さくなり強度が低下する．とくに，暴風時や地震時に構造物を介して繰返し荷重が作用すると，間隙水圧が上昇して液状化が生じることがある．岩盤は海水による影響はほとんどないので，陸域と同じように扱ってよい．

(2) 地耐力

> 直接基礎の場合は，構造物の自重から没水部分の浮力を差し引いた静的荷重と地震時や暴風時の動的荷重に対して十分な安全余裕を確保し，海底地盤が構造物の安定性を維持できるようにする．杭基礎の場合は，杭の支持地盤における地耐力が杭の先端支持力に対して十分余裕を有するようにする．

地耐力は地盤の極限支持力を安全率で除して求められる．海底地盤が十分な地耐力を有していないと，構造物の過剰沈下や不同沈下が生じ，さらには転倒に至ることもある．

海域においては，直接基礎の場合，構造物に作用する浮力または構造物の重量を調整することにより，接地圧（下端面での鉛直圧）を調整することができる．したがって，軟弱土が厚く堆積している海底面であっても構造物の設置は可能であり，さらに免震効果を利用して水平地震動の上部への伝達を低減することもできる．

一般に，重力式の設置地盤は，海底地盤の地耐力が静的な鉛直力（構造物の固定荷重と積載荷重の和から浮力を引いた値）よりも大きくなくてはならない．さらに，地震や暴風による動的な水平力が作用した場合でも，地耐力に余裕があることを確認する必要がある．

支持杭を用いる場合は，杭の支持力（杭周摩擦力と先端支持力の和）が，静的な鉛直力と地震時や暴風時などにおける動的な鉛直力に対して十分な余裕を有している必要がある．とくに海底面付近では摩擦力や先端支持力が小さいので，必要な支持力を得るために杭を深部の堅固な地盤まで到達させなくてはならないこともある．

(3) すべり抵抗

> 重力式の場合，大きな水平荷重が作用しても元位置を保持するために，設置地盤には十分なすべり抵抗をもたせる．

重力式の場合，海底地盤に十分なすべり抵抗がないと，水平力を受けたとき，地盤と基礎の水平接触面で滑動が生じ，構造物は元位置を保持できなくなる．滑動は基礎全体のすべり破壊になるので，地盤のせん断強度の大きさと接触面積に依存することになる．海水により粘性土も砂質土もせん断抵抗が低下するため，陸上に比べてすべり抵抗は小さくなる．このため，水平接触面積だけでは十分なすべり抵抗が期待できないときは，スカート基礎やサクション基礎を用いて，すべり抵抗を増加させる工法を採用することも考えられる．

(4) 引抜き抵抗

> 杭基礎や地盤アンカーを用いる場合，浮力や曲げにより生じる引抜力に対して海底地盤が十分抵抗できる強度を有していることを確認する．

杭式に水平力が作用すると，基礎はモーメントを受け，端部に近い杭には大きな押込み力と引抜き力が加わる．常時の鉛直力よりも引抜き力が大きくなると杭の引抜きが生じる．杭の引抜き抵抗力は，杭周面における地盤のせん断強度の大きさおよび杭と地盤の接触面積で決まる．

浮体式の場合は，海底地盤において位置を保持するために風圧力，潮流力，漂流力などに十分抵抗できるアンカー力を確保する必要がある．アンカー係留は，弛緩係留と緊張係留に大別できる．弛緩係留は通常時には引張力は作用しないが，風や流れにより構造物が移動しようとすると係留索に引張力が生じて漂流に抵抗する．緊張係留は初めから係留索に引張力が導入されて緊張状態にあり，構造物が沈み込んでもなお引張状態が維持される．逆に，構造物が浮き上がろうとすると，静的張力に動的張力が加算されて大きな引張力が生じる．このような係留索に生じる引張力に対して，地盤に埋設して固定した杭や地盤アンカーの引抜き抵抗により反力を取る方法がある．

具体的な工法としては，以下のようなものがある．

（ⅰ）海底地盤を掘削してコンクリートブロックを入れ，土砂を埋め戻し，ブロックと土砂の重量とブロックの周面土のせん断抵抗力で係留力を得る方法

（ⅱ）断面一定の通常の杭を海底地盤に打ち込むか，ボーリングして杭の先端部を拡幅した拡底杭を打設する方法

（ⅲ）ボーリングによってあけた孔にPCワイヤーやチェーンを挿入し，セメントグラウトで一体化して固形体をつくり，周辺土との摩擦抵抗力により係留力を得る方法

なお，引抜き抵抗を利用する工法は，基本的に軟弱地盤には向いていない．

(5) 液状化

> 地震時には，陸上の場合と同様に海底地盤の液状化が発生する可能性がある．暴風時にも波浪による繰返し荷重が基礎を介して海底地盤に伝えられ，液状化が生じることがある．

　液状化は砂質土に設置された基礎にとって重要な検討事項である．重力式が砂質土の地耐力不足により破壊することはほとんどない．しかし，地震時や暴風時にせん断力が海底地盤に繰返し作用すると，液状化が発生して地盤は完全に強度を失い，沈下・傾斜し，転倒に至ることがある．液状化には至らなくても，間隙水圧の上昇により基礎に顕著な変形が生じることもある．

(6) 洗掘

> 浅海の場合は波浪や潮汐による海水の運動により，また深海の場合は海流などによる海水の流れにより，基礎周辺の海底地盤を洗掘する可能性がある．洗掘の範囲が広がると，基礎の安定性が損なわれかねない．

　洗掘とは，波浪や潮流を受けたとき，構造物の基礎底面付近に渦流が生じ，その周辺土砂や礫が巻き上げられたり，吸い寄せられたりして移動し，海底地盤が掘り下げられる現象のことである．洗掘を防止するには，流速を弱める，構造物周辺の海底面を石材で覆って根固めをする，構造物下端でプレパックドコンクリートを使用して海底地盤との一体化を図るなどの方法が考えられる．

(7) 地盤改良

> 海洋建築物の設置地盤としての特性が十分ではないと判断される場合は，海底の地盤改良を行い，必要な特性を発揮できるようにする．

　陸域に比べると海底地盤の強度は小さい．このため，設置地盤の強度を高める方法として地盤改良が用いられることがある．海底地盤の地盤改良の歴史は古い．厳島神社の大鳥居の地盤は松材の丸太の杭を密に打ち込んだ千本杭という群杭で地盤改良されていた．ヴェニスも湿地帯を木杭により地盤改良した上に築かれた都市である．地盤改良には，元の海底地盤を直接改良する方法と海底地盤の上に新たにマウンドを築造する方法がある．

　海底地盤を直接改良するには，以下のような工法がある．

（ⅰ）サンドドレーン工法

　海底の地盤に直径40〜50cmの砂の杭を打ち込み，粘土層に含んだ水を排出させて地盤を強化する方法．

（ⅱ）サンドコンパクションパイル工法

　海底地盤にケーシングパイプによって直径200cm程度の砂の杭を打ち込み，振動により締め固めた砂の杭と軟弱な粘土層を一定の割合で置き換えることにより地盤を強化する方法．

（ⅲ）混合処理工法

　攪拌翼を地盤中に打ち込み，深層混合処理機からセメントミルクなどの固化材を液状に溶かしたものを噴射し，攪拌混合して固い地盤に変える方法．

（ⅳ）捨石基礎構築工法

　軟弱粘土層を除去し，良質の土砂と置換したうえで捨石基礎を構築する方法．古くから行われている工法である．常時の支持力増大・改良にはなるが，1995年の兵庫県南部地震では，神戸港内防波堤が全長にわたり2m程度の沈下被害を生じ，防波堤の機能を失うことになった．下部の土層で上昇した水圧が上部へ浸透して地盤を乱し，置換土層自身においても水圧が上昇（有効応力が減少）して基礎は支持力を喪失した．

　海底が軟弱粘土または緩い砂層の場合，（ⅰ）〜（ⅲ）の工法は，基礎周辺だけでなく広範囲に処理を行う必要があるため経費が膨らむ．海域で構造物を支持するには，海域に本質的に存在する浮力を最大限利用する方法が自然の理にかなっているといえる．

4.2　設備設計

4.2.1　設備設計の基本

> 海洋建築物の設備設計に関しては，陸域と異なる海域特有の環境因子に配慮する．

　設備設計で対象とする環境刺激を大別すると，光環境，空気環境，温熱環境，音環境，音響・振動などがある．こ

れに加えて，海域であるための特異性を包合する因子として，日照・日射，採光・照明，色彩，室内気候・気象，換気，熱・湿気・海塩粒子，心理・生理，振動（動揺）があげられる．

陸上建築物の設備設計では，環境刺激に対する居住者にとっての快適性確保に主眼が置かれ，次いで物品などに対しての長期保存や保護などに支障をきたさないための配慮が払われる．これに関しては海域における建築物についての配慮も変わることはない．一方において，船舶の居住性は海洋気象を対象にしている．海洋建築物の居住環境は，陸上建築物と船舶の両面から考える必要がある．したがって，多くの部分がこれらの領域の先行技術や配慮事項は有用なものとなり，それらに準拠することになる．環境刺激の種類によっては，その質，量ともに陸域と異なる特性が見られる．それらの差異を把握し，海域環境に十分対応する居住・作業・貯蔵空間とする必要がある．

海洋には船舶設備関係法令の中に船舶設備規程や船舶消防設備規則があり，船舶そのものの安全性，海上航行に対する安全性，さらに周囲の海洋汚染防止などを主眼とした法令・規則などが定められている．設備の詳細には船舶としての特殊性が見られるものの，設備設計の枠組みと方法は，陸上建築物の場合と大きく異なることはない．海洋建築物における設備機器の設置に関する技術基準として，船舶設備規程などの関連規程を参考にできる．

なお，各種設備機器の構成材料はほとんどが鋼材である．したがって，塩分に対する配慮はすべての設備に共通するが，これは「2.4.1 潮風・塩害」で一括して記載する．

海洋建築で必要となる主要な設備システムを図4.16に示す．

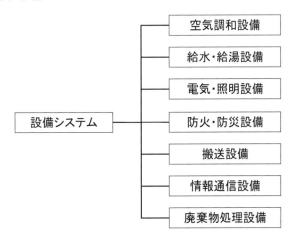

図4.16 海洋建築の主要な設備システム

4.2.2 空気調和設備

a. 冷暖房設備

> 海洋の特殊環境を考慮した空気調和設備の設計を心がける．それにより，各室用途に応じた常に理想的な温度，湿度，気流，空気質などを確保するための調整を可能とする．

一般的空気質，いわゆる新鮮空気としては陸上より良質な場合が多いが，海域の空気成分は陸上と異なるので，その特徴を理解，判断し温熱環境を再現しなければならない．

自然エネルギー利用を主とするシステムとする．省エネルギーの観点から，冷暖房負荷の軽減のために，例えば，太陽熱利用の場合は，パッシブソーラーまたはアクティブソーラーの導入を考える．冷暖房の良し悪しは施設の質としての評価につながりやすいだけに，陸上とは異なる躯体構成および内装構成による熱貫流率の違いなどを配慮して設計する．

b. 換気設備

> 換気設備においては，耐塩フィルターや対塩害型仕様により塩害の影響を最小化し，機器の長寿命化を図る．

塩害を考慮し，耐塩フィルターを介して居室および設備機械室の換気をする必要がある．設備機械室を完全密閉して空調（冷房専用）のみとし換気リスクを回避することは，巡回点検や定期点検などの際に人間に対する換気が必要になるため難しい．しかし，換気量を必要最小限にとどめることは重要である．密閉型燃焼機器の場合は，直接外気を取り込む際に，空気取入れ口を対塩害型仕様とすることにより，機器の長寿命化を図る必要がある．

また，省エネルギーの観点からは全熱交換機などの設置は積極的に考慮する．

4.2.3 給水・給湯設備

> 海水の真水化とともに，エネルギー消費最小化の観点から雨水の利用を考慮した給水・給湯設備とする．貯水と循環利用により造水量を減らして省エネルギーを図る．

上水の水質基準としては，飲用水としての水質基準をクリアする必要がある．上水は周囲に無限にある海水から得ることができる．フラッシュ法と逆浸透法（RO膜浸透法）によって海水の淡水化・ろ過が実施されている．国内でも慢性的な水不足に悩む都市では海水から真水を製造しており，世界的に見ても中東や東南アジアでは日常的に真水を製造している．

ただし，このような造水にはエネルギーを必要とするので，海洋建築物では可能な限り雨水を貯蔵して再利用し，省エネルギーに心がけることが必要である．使用する水系統ごとに浄化レベルを設けて，貯水した雨水に浄化グレードにあった必要な処理を施して再利用すべきである．外装清掃など問題のない部分においては，海水を直接使用してもよい．さらに，利用水の再利用により造水量を減らし，省エネルギー化を図ることができる．

給湯に関しては，太陽熱利用，排水処理時，バイオマス発電時，焼却時に発生する余熱の有効利用で水を加温することは可能であり，これらの排熱利用も給湯サイクルに組み込むことを考えたい．

4.2.4 電気・照明設備

a. 発電設備

> 海洋建築物の発電設備はインフラフリーを基本とする．発電には，海洋における再生可能エネルギー（風，波，太陽光など）を利用する．ただし，沿岸海域に建設される場合は，陸上との系統連系（電力会社との間で売買できるシステム）も含め考慮する．

海洋は再生可能エネルギーの宝庫であり，近年その開発と成果は目覚ましいものがある．海洋における再生可能エネルギーとしては，波力，潮汐力，海水温度差などが知られているが，その中でも洋上風力エネルギーの賦存量は大きく，実用化が始まっている．

洋上風力発電のメリットとして，以下のような点があげられる．

- 沖合の風況が陸上よりも強く，比較的安定している．
- 陸上に建設するよりも周囲に与える環境的影響が少ない．
- 建設には特殊な工事用船が必要だが，単機あたりの発電容量の大きなものが製作できる．

一方，デメリットとしては以下のような点があげられる．

- 風力が得られない場合（適正風力最小値以下や最大値以上の場合）は，停電する．
- 陸上の送電系統への連系アクセスに海底ケーブルの敷設が必要だが，設備的なフレキシビリティがない．
- 洋上における気候環境リスクの解明が十分ではなく，実績が乏しい．
- 気象的に異常な状況では維持管理が容易でない．

このほかの海洋エネルギー発電や海洋バイオマス発電，太陽光発電なども十分に有効であり，海洋建築物においては発電方式を複合化することによって，電力の供給安定化を図ることができる．そしてクリーンな燃料電池によるコジェネレーション（熱電供給）設備の採用も検討する．

海洋建築物に搭載する発電設備に系統連系システムを適用することによって，陸域との電気的な連系が可能である．したがって，非常時においても陸域内外への電気供給が可能となる．

b. 蓄電設備

> 非常時に備えて蓄電設備を設置する．

電力供給安定化は，再生可能エネルギー発電の複合化のみでは達成できない．さらに，化石燃料による最小容量の非常用発電設備と常時使用する蓄電設備が必要である．再生可能エネルギーによる発電能力が低下した場合は，蓄電池に蓄えられた電力を放電し，その需要をまかなう必要がある．しかし，さらなる不足時に対しては，非常用発電機の追加運転も考慮されるべきである．常時蓄電池には，海洋発電による電力のうち，電力需要が低下する時間帯や休

日などにおいて発生する余剰電力を充電する．そのため，発電システムとの並列運転を行い，充電と放電を繰り返し行うことを考慮する．

完全独立の自前エネルギーであっても，万一の発電停止時に備えて予備機を含む複数台の非常用発電機の装備と燃料となる天然ガスまたは石油類などの補填は必要である．さらに，海洋建築の居住・生産エリアで発生した廃棄物などを利用する発電技術も実用化されている．海洋建築物内部でのエネルギーサイクルを構築し，化石燃料使用率を最小にする努力が必要である．

需要設備側では機器の省エネルギー化や運用上の省エネルギー制御，ビル・エネルギー管理システム（BEMS：Building Energy Management System）などによるデマンドレスポンスなど負荷側の電力使用量最小化制御も同時に実行し，電力供給安定化に寄与すべきである．例えば，洋上風力発電機容量が1基7MWである場合は，インフラ施設を考慮外とすれば，単純に計算して延べ床面積約100,000m²程度の事務所用途とした海洋建築物に電力供給が可能な規模であり，建築が住宅用途であれば，2,000戸以上の住宅に供給できる規模となる．

c. 配電設備

> 海洋建築物の内部に電力を供給するには，電源の諸元，すなわち電気方式，電圧，周波数などを決定したうえで，それに応じた配電設備の構成機器を選定する．

電気方式とは，直流（DC）か交流（AC）かの選択と，単相3線式などの中性点と接地点での相数と線数の選択である．周波数は，現在の商用50Hzまたは60Hzからの選択になる．再生可能エネルギー発電により得られる一次電力は，例えば太陽光であれば直流であり，風力であれば交流である．最終的にエネルギーを電力に変換する部分が回転系であれば一般的には交流発電機が接続されており，交流電気方式と決定される．しかし，発生した直流電力をそのまま直流方式で変電し配電して使用することも可能であり，その場合は交流方式への電力変換を伴わないため直－交変換（DAコンバート）ロスがなく，発電システム全体の変換ロスが軽減できるメリットがある．海洋建築物においては，当面，交流出力である洋上風力発電が大きな発電容量を占めると考えられ，この場合は交流電気方式が妥当である．

配電電圧については，船舶設備規程では電圧も指定があるが，陸上建築物と同様に検討すべきであり，負荷容量や使用機器の電気方式に応じた幹線，配電計画を行う．陸上では，受変電設備は最下階に設置されることが多く，低圧幹線は建築物の上階に向かって延伸する．海洋建築物の場合，波や潮の影響を考慮すると，建築ベースレベルよりも上階に受変電室を設け，機器設置，幹線配線，分電盤類を設置することが好ましい．受変電室や電気機器設置スペースなどは，浸水・防水対策を完全にしておく必要がある．とくに，床や壁を貫通する部分の防水性を完全にする必要性から，配線は金属管を用いた配管配線方式，貫通部はねじ込み方式あるいはカップリング方式，溶接工法などによる防水仕様とする．

また，受変電機器類に関しては，火災予防の観点から乾式またはモールド型を採用し不燃化することとし，油入型機器の採用は避けたい．また，故障などによる急な機器更新などは不可能であるため，変圧器などの主要機器の台数には予備機を含めるなど，十分な冗長性（リダンダンシー）を含め台数を決定する必要がある．電線・ケーブル類に関しては，周辺温度と通電時の温度上昇値を考慮して選定すればよいが，悪天候などで換気が不十分な場合は，室内温度上昇が大きくなる傾向にあることを考慮して，耐熱電線や耐熱ケーブル類を積極的に使用する．

d. 照明設備

> 一般居室の照明は，陸上建築物の各室用途に準じた設計となるが，そのほかに船舶の航行・接岸や航空機の離着陸の安全性を確保するための表示・誘導照明が必要になる．

船舶は衝突を避けるため夜間灯（マスト灯，両舷灯，船尾灯）を装備している．同様に，海洋建築物も船舶などへの安全のため夜間灯，反射板を設けることが求められる．また，上空から海洋建築物の位置ならびに輪郭を確認できるように，海洋建築物の適切な位置に街路灯や道路灯を配置する．ヘリコプターが安全に離着陸できるように誘導灯を整備し，飛行にとって障害物になりうる場所には障害灯を設置する．

夜間や海霧でも船舶が接舷できるように誘導灯を整備するとともに，海洋建築物の周辺海域に灯浮標を配置して海洋建築物への航路を知らせる．

e. 電気的接地（アース）

> 電導度の高い海水に囲まれた海洋建築物においては，電力の電圧安定化のために適切な接地方式を検討する．

電力供給における電圧の安定性，システムの安定稼働，人体への安全性などを確保する重要な点は，接地（アース）である．海洋建築物の最終的な，接地は海水を仲介してさらに深い位置にある海底である．海水は主に塩化ナトリウムなどの電解質が溶けた電解溶液である．その電導度は，日本周辺海域の平均値が 45mS/cm（ミリジーメンス／センチメートル）であり，一般河川の平均値 110μS/cm の 400 倍で電気をよく伝える性質をもっている．このため，船舶設備規程[4-82]によれば，電気的な接地は船舶の主構造体である金属板に電気的に接続することとしている．船舶を電極とすることにより，電解質を通じてもう片方の電極である大地（海底）に通じることになる．

船舶内は共用接地方式であり，何らかの事故などで異常な電位になった場合でも，どこでも同電位であるので電位差による電流は流れないという考え方をとっている．この接地方式は，同時に事故時のサージを含む異常電圧対策として，雷サージプロテクターなどの保護素子を併設することにもなる．共用接地方式は JIS A 4201 : 2003（雷保護）に定義されている．ちなみに，船舶が木造や FRP 製などの場合は，波などで大きく傾いた場合でも海中にある船底部分に接地極となる金属体を設置し，そこへ導線で接地線を接続することとなっている〔「船舶設備規程」[4-82] 参照〕．

f. 避雷設備

> 人命や財産，設備機器を落雷から守るために，避雷設備を設置する．

冬季の日本海沿岸では冬季雷という独特の雷の発生と落雷による電気的被害が大きいため，落雷時の雷サージ（雷大波電圧，雷大波電流）による電気・電子機器の被害から保護するために，雷サージ保護器（LSP）などの設置が推奨されている．

船舶と同様に結局は共通接地極に接続されることから，落雷時はごく短時間で電圧が上昇するので，建築躯体の導電体露出部分に触れていると，電圧上昇は避けられない．したがって，このような部分は仕上げ材で覆い安全離隔距離を確保する．床は絶縁塗料で塗装するかまたは仕上げ材で覆う，あるいは人が雷電流の導通部に近接できないような対策をとる必要がある．

4.2.5 防火・防災設備

a. 消防設備

> 警報から消火まで外部に頼らず処理できる消防設備，避難設備を備える．

海上消防が計画する地域以外は火災の際に消防艇は駆けつけてこない．このため，自前の消防設備による異常警報感知から鎮火状態に至るまでの消火活動が要求される．陸上建築物の居住者は，フラッシュオーバーまでの初期消火活動しか関与できないが，海洋建築物における特殊性に対応するためには消火体制についての対策が必要となる．さらに機械室の多くの部分は，感電や火災拡大などの二次災害や機器修理後の再使用を考慮すると水消火は適切とはいえない．陸上でも採用されている範囲で，炭酸ガスやイナートガス消火または不活性ガス消火などを導入する必要がある．海洋建築物の規模が大きい場合は，共用施設として陸上における消防署のような拠点を設置することが望ましい．

不燃材などによる防火区画をできるだけ細かくするとともに，厨房においては直火の使用を避ける．また，安全かつ合理的な避難計画を立案する．

b. 防災・防犯設備

> 安全性とセキュリティを確保するために，防災・防犯設備は外周部と内部に分けて計画・設置する．

海洋建築物で災害や犯罪が発生した場合，法的対応は大幅に遅れると予想される．このため，災害や犯罪を抑止して発生を予防するための設備として，カメラ監視・記録や通行トレース機能をもったセキュリティシステムなどの設置に注力すべきである．すなわち，警備という機能を建築に取り込む必要がある．

防犯設備の範囲は広く，外周部と内部に分けられる．外周部は主に海洋建築物への作用または侵入に対する警報である．内部は火災警報を始め，防犯セキュリティ制御，監視カメラ，全館放送設備，排煙設備，消火設備類などに分類される．排煙・消火設備などは現行消防法に準拠して設置するが，被害を最小限に食い止める目的から，自主的な

設置や機能の追加などを考慮する必要がある．

　洋上での他の船舶などとの衝突時には外周部が大きなリスクとなる．洋上における海洋建築物の存在の主張とともに，他の船舶などの近接をいち早く察知して，船舶などに近接注意を促す警報設備が必要である．近接を察知する設備は，霧などにより視界が悪い場合を想定し，レーダー波による検知システムが必要である．存在を主張するには，位置を表示する照明灯や緊急を知らせるフラッシュ照明灯（現行の航空障害灯が適用できる）が有効である．

　内部では，共用設備の保守員以外が設備機器に不用意に近づかないように，また専用エリアに不用意に人が近づかないように入室制限を行う必要がある．施錠管理が基本ではあるが，入退室の記録を残したい場合は監視カメラの設置とともに，扉など開閉制御を実施してその操作記録を残すことが必要である．非常時の避難時にこれらの制御対象を一斉解除するかどうかは，慎重に考慮する．監視カメラはネットワークカメラにより構成し，必要なときに必要な画面を見て録画することができるシステムとする．全館放送は，現行消防法による非常放送設備を準用する．

4.2.6　搬送設備

> 建築物内部では合理的かつ機能的な機器を選定し，配置計画に留意して能率化を図る．

　エレベーター，エスカレーターなどに関しては，陸上建築用として十分な技術レベルに達している．しかし，海洋建築物としての特有の運搬物規模や人の集団移動性など，個々のケースに即応した設備（タラップ，コンベア，クレーン，コンテナなど）の配置，運転，管理に至るまでの配慮が必要となる．非常時における使用についても配慮する．なお，昇降設備などの最小化を図るうえで，建物内の人的移動を抑制できる搬送計画も検討する．

4.2.7　情報通信設備

> 海陸間の情報のやりとりをリアルタイムで確保するために，高速通信システムを構築する必要がある．海上での無線通信と海底での光ファイバー通信を併用して情報伝達のリダンダンシーを高めるように配慮する．

　通信設備の役割には，日常の業務や生活に関連した通常時の通信と災害や犯罪のときの救助・救援要請など，非常時の通信がある．船舶設備規程によれば，通信設備としてHF波，MF波，VHF波の無線電話の設置が必要となる．一般的な通信設備としては，陸地に近ければ携帯電波などの利用が可能であるが，利用できない海域では，衛星携帯電話やPCなどで通話・インターネット対応ができる衛星通信を使用する必要がある．

4.2.8　廃棄物処理設備

a.　排水設備

> 周辺の海域環境への影響を考慮し，排水設備によって雑排水やし尿を十分に浄化する．

　海洋環境保護の観点から，海洋建築物において生じる排水は，陸上で規制される水質汚濁防止法に準拠して排水処理を行う必要がある．排水の汚濁レベルにより，そのまま再利用するか，必要な処理を施して再利用するかを選択できる方式を用いる．

　雑排水や汚水にはバイオマスエネルギーが潜在しており，排水処理におけるバイオガス発電や残渣物の焼却熱を利用した発電などが期待できるので，発電エネルギーサイクルに組み込むことも考慮する．

b.　塵芥処理設備

> クローズドシステムの中で廃棄物と塵芥を処理するために，中間処理設備を含む塵芥処理装置を設置する．

　「港湾における船内廃棄物の受入れに関するガイドライン（案）Ver1.1」[4-83]が国土交通省港湾局より提案され，海洋への廃棄規制が従来に比較し全般的に厳しくなっている．こうした規制に頼らず，自己処理を目指す設備を構築する．そのために，ディスポーザー利用，塵芥槽の容量，焼却炉の機種選択，それらの配置などに留意して，海洋環境負荷の最小化を図る．さらに防臭対策，防ハエ対策にも配慮する．ただし，外部搬出を皆無にすることはできないため，あらかじめ搬出設備設計時に総合的に検討しておく必要がある．

4.2.9 その他の留意事項

> その他の建築設備的な居住空間の環境設定は陸上建築物と同じである．したがって，それらの設定には建築基準法をはじめとする建築関係諸法規類，規程類，標準類などによるものとなる．ただし，海洋建築物が着底式か浮体式かに応じて大きく異なる条件があるので注意が必要である．

洋上は湿度が高い傾向にあるため，空調機は除湿機能が必要になる．建築的な断熱と換気時の熱交換システムを基本として，外気が涼温・乾燥時の全外気空調などによる省エネルギー化を積極的に図る．換気取入れ口は対象室ごとに個別に設けるのではなく，大きな共通の外気取入れ口とする．照度についても JIS（照度推奨）に準拠するが，外光がどの居室にも入るような建築計画を採用し，積極的に光ダクトなどを利用して閉鎖空間（外気に開かれた窓のない空間）などへ自然光を取り入れることにより省エネルギー化を図る．照明器具は天井または壁への直付型として落下防止を図る．卓上型スタンドなど，固定できない器具の設置は避ける．そのほか，衛星系テレビ共同視聴や異常時に管理室へ通知する通報通話設備などを，館内の異常を早期に察知するために設置することが望ましい．

着底式の場合，大きな揺れは生じにくいが，浮体式の場合は台風などのときに風波やうねりによって大きく揺れる．このような場合は，船舶における設備機器の設置方法に準じた設置（固定）方式を採用することが望ましい．

着底式，浮体式に関わらず，屋外にある設備機器は塩害を受けやすく，海鳥の糞害も無視できない．室外設備機器を設置しない設備方式を採用することが望ましい．強風によりアンテナが飛ばされたり，配管・配線が破壊されたりしないように，構造体に堅固に取りつける必要がある．設備機器から発生する振動・騒音に対する防振・防音対策も重要である．

4.3 環境アセスメント

> 海洋建築物の設計に際しては，構造，規模，利用などによっては周辺環境に与える影響を総合的に評価する．

海洋建築物を設計する場合には，建設時，使用時および解体撤去時について，周辺の環境に与える影響を評価する必要がある．とくに，事業の種類と規模などによっては，環境影響評価法や条例などによる環境アセスメントの対象となり，十分な事前調査とそれに基づく総合的な環境影響評価が必要となる．

海洋建築物が存在することによって，周辺流況などに影響を与え，周辺海域の一部に汚濁物質の停滞により，水質の悪化や生物・生態系に顕著に影響を与える可能性がある．とくに，重力式の直下では底生生物などの生息場が消失することに配慮する必要がある．

また，海洋建築物からの汚濁負荷の排出や騒音の発生などについては，排水基準（水質汚濁防止法，大気汚染防止法）や環境基準（環境基本法）が適用されるため，これらを考慮した対応が必要となる．さらに，工事中における影響評価と環境保全に向けた環境アセスメントも必要である．

参考文献

4-1) 濱本卓司，鈴木健亮，大塚清敏：日本沖合における通常時と台風時の風と波の推算モデル，日本建築学会構造系論文集，第541号，pp.211-218，2001.3

4-2) Denis ST. Manly，尾崎昌凡：極値予測の応用について ハワイ海上都市予定海域の平均風速，日本建築学会論文報告集，第228号，pp.13-23，1975.2

4-3) 花井正実，三浦正幸，玉井宏章：台風9119号による宮島・厳島神社の被害について，日本建築学会構造系論文報告集，第447号，pp.149-158，1993.5

4-4) 国立天文台編：理科年表 平成25年，丸善出版，2013

4-5) 宇野木早苗：海の自然と災害，成山堂書店，2012

4-6) 石田雅己,関口太郎ほか：D滑走路全体の鋼材の防食の考え方及びその対策 〜ライフサイクルコスト低減を目指して〜，国土交通省関東地方整備局，東京国際空港D滑走路建設工事技術報告会（第二回），課題8，2006.12

4-7) 鋼材倶楽部：海洋鋼構造物の防食Q&A，2001.10

4-8) 沿岸開発技術研究センター：港湾鋼構造物 防食・補修マニュアル，2009.11

4-9) 日本建築学会：建築工事標準仕様書・同解説 JASS 5 鉄筋コンクリート工事，2009

4-10) 日本建築学会：鉄筋コンクリート造建築物の環境配慮施工指針(案)・同解説，2008

4-11) 濱本卓司, 田中彌壽雄：固定式海洋円筒シェルの動的解析　その1　固有振動解析, 日本建築学会論文報告集, 第291号, pp.129-141, 1980.5

4-12) 濱本卓司, 田中彌壽雄：固定式海洋円筒シェルの動的解析　その2　波浪応答解析, 日本建築学会論文報告集, 第297号, pp.139-150, 1980.11

4-13) 濱本卓司, 田中彌壽雄：固定式海洋円筒シェルの動的解析　その3　地震応答解析, 日本建築学会論文報告集, 第303号, pp.141-154, 1981.5

4-14) 濱本卓司, 田中彌壽雄：波浪及び水平地動に対する固定式海洋円筒タンクの動的応答解析　外部液体～シェル～内部液体連成系の動的相互作用, 日本建築学会論文報告集, 第324号, pp.154-166, 1983.2

4-15) 遠藤龍司, 登坂宣好：固定式海洋弾性円筒シェルの実験的研究, 日本建築学会論文報告集, 第338号, pp.159-168, 1984.4

4-16) 福住忠裕, 日下部馨, 野添久視, 堯天義久：海底固定式円筒シェル群-デッキ系構造物の動的応答　流体調和表面波を受ける場合, 日本建築学会構造系論文報告集, 第449号, pp.185-194, 1993.7

4-17) 福住忠裕, 日下部馨：海震を受ける浮遊式円筒シェル構造物の応答特性, 日本建築学会構造系論文集, 第507号, pp.187-194, 1998.5

4-18) 福住忠裕：固定式円筒シェル-デッキ系海洋構造物の地震応答特性, 日本建築学会構造系論文集, 第508号, pp.165-172, 1998.6

4-19) 濱本卓司, 大西弘亮, 井上昌士：有限な薄氷盤に囲まれた固定式中空円筒構造物の地震流力弾性解析, 日本建築学会構造系論文集, 第542号, pp.203-210, 2001.4

4-20) 濱本卓司, 井上昌士, 大西弘亮：固定式中空円筒構造物の地震流力弾性応答への構造物-海氷間隙の影響, 日本建築学会構造系論文集, 第546号, pp.157-162, 2001.8

4-21) 佐藤貢一, 八島信良, 中西三和, 安達洋：氷盤と固定式海洋構造物の動的相互作用に関する研究　氷盤の衝突による海洋構造物の動的挙動, 日本建築学会構造系論文集, 第78巻, 第688号, pp.1185-1193, 2013.6

4-22) 登坂宣好：流体波動と弾性体の動的相互作用に関する定式化, 日本建築学会論文報告集, 第298号, pp.143-149, 1980.12

4-23) 登坂宣好：流体波動と弾性シェルの動的相互作用に関する定式化, 日本建築学会論文報告集, 第314号, pp.176-183, 1982.4

4-24) 西村敏雄：三次元弾性体及びシェルと流体波動との連成問題に対する定式化とその応用に関する研究, 日本建築学会論文報告集, 第319号, pp.156-170, 1982.9

4-25) 西村敏雄, 登坂宣好, 近藤典夫：有限要素法による粘性流体と弾性シェルの動的相互作用解析, 日本建築学会構造系論文報告集, 第350号, pp.58-66, 1985.4

4-26) 西村敏雄, 登坂宣好, 近藤典夫：非圧縮性粘性流れと弾性シェルの相互作用に関する数値シミュレーション, 日本建築学会構造系論文報告集, 第393号, pp.128-136, 1988.11

4-27) 岡本強一, 増田光一, 加藤渉：超大型浮遊式海洋構造物の波浪応答解析　第1報　流体と弾性梁との動的相互作用, 日本建築学会論文報告集, 第314号, pp.166-175, 1982.4

4-28) 松井徹哉, 加藤賢治：ハイブリッド型積分方程式法による浮体の定常動揺問題の数値解析, 日本建築学会構造系論文報告集, 第393号, pp.165-176, 1988.11

4-29) 松井徹哉：半潜水式海洋構造物の不規則波中での長周期運動の数値シミュレーション, 日本建築学会構造系論文報告集, 第401号, pp.173-183, 1989.7

4-30) 川西利昌, 加藤貴司, 小林浩：オフセット状態におけるテンションレグプラットフォームの地震応答解析, 日本建築学会構造系論文報告集, 第427号, pp.117-126, 1991.9

4-31) 福住忠裕, 日下部馨, 野添久視, 堯天義久：海洋における浮遊式弾性円筒曲面構造物の振動性状　流体調和表面波を受ける場合, 日本建築学会構造系論文報告集, 第428号, pp.107-117, 1991.10

4-32) 藤澤康雄, 増田光一, 前田久明：曳航中のコーン形状構造物に作用する流体力と波浪強制力および運動特性に関する研究　第1報　流体力と波浪強制力, 日本建築学会構造系論文報告集, 第428号, pp.119-130, 1991.10

4-33) 濱本卓司, 田中彌壽雄：浮遊式海洋人工島の速成自由振動特性　浮遊弾性円板の流体～構造物相互作用解析　そ

の1，日本建築学会構造系論文報告集，第438号，pp.165-177, 1992.8

4-34) 濱本卓司，田中彌壽雄：海震を受ける浮遊式海洋人工島の応答挙動　浮遊弾性円板の流体～構造物相互作用解析 その3，日本建築学会構造系論文報告集，第448号，pp.173-185, 1993.6

4-35) 高村浩彰，川西利昌，小林浩：係留索を多質点系としたテンションレグプラットフォームの地震応答解析，日本建築学会構造系論文集，第455号，pp.197-206, 1994.1

4-36) 増田光一，大澤弘敬：沿岸海域に弛緩係留された浮遊式建築物の運動及び係留索張力の予測法に関する研究，日本建築学会構造系論文集，第464号，pp.129-138, 1994.10

4-37) 増田光一，大澤弘敬：沿岸海域に弛緩係留された浮遊式建築物の運動及び係留索張力の予測法に関する研究(第2報)避難場所を有する浮遊式建築物の応答評価，日本建築学会構造系論文集，第471号，pp.193-202, 1995.5

4-38) 増田光一，大澤弘敬，片山昌太郎：沿岸海域に弛緩係留された浮遊式建築物の運動及び係留索張力の予測法に関する研究(第3報)　運動応答に与える係留系の影響について，日本建築学会構造系論文集，第479号，pp.139-145, 1996.1

4-39) 濱本卓司，青木隆広：大規模緊張繋留浮遊式人工島の期待総費用最適化，日本建築学会構造系論文集，第515号，pp.177-184, 1999.1

4-40) 濱本卓司，藤田謙一：境界要素-有限要素ハイブリッドモデルを用いた不規則形状大規模浮体の流力弾性応答解析，日本建築学会構造系論文集，第555号，pp.201-208, 2002.5

4-41) 藤田謙一，濱本卓司：BE-FE ハイブリッドモデルを用いた大規模浮体の流力弾性解析における特異点処理，日本建築学会構造系論文集，第565号，pp.151-158, 2003.3

4-42) 藤田謙一，濱本卓司：モジュール連結大規模浮体の流力弾性応答，日本建築学会構造系論文集，第571号，pp.193-200, 2003.9

4-43) 松井徹哉：波浪中を曳航される弾性円板状浮体の流力弾性挙動　その1 理論の定式化と解析解の導出，日本建築学会構造系論文集，第577号，pp.145-152, 2004.3

4-44) 増田光一，居駒知樹，内田麻木：浅海域に設置された浮体式構造物の津波作用下の運動及び係留索張力の実用数値解析法と応答特性に関する研究，日本建築学会構造系論文集，第589号，pp.195-201, 2005.3

4-45) 井上昌士，濱本卓司：大規模浮体の弾性応答低減に関する波数領域での考察，日本建築学会構造系論文集，第594号，pp.175-182, 2005.8

4-46) 松井徹哉：波浪中を曳航される弾性円板状浮体の流力弾性挙動　その2 波漂流力の解の導出と数値解析例，日本建築学会構造系論文集，第601号，pp.197-204, 2006.3

4-47) 遠藤龍司，川上善嗣：動水圧分布に着目した弾性浮体構造物の波浪応答実験，日本建築学会構造系論文集，第78巻，第684号，pp.395-404, 2013.2

4-48) Matsui, T., Kato, K. and Shirai, T. : A Hybrid Integral Equation Method for Diffraction and Radiation of Water Waves by Three-Dimensional Bodies, Computational Mechanics, Vol.2, No.2, pp.119-135, 1987

4-49) Matsui, T. and Kato, K. : The Analysis of Wave-Induced Dynamics of Ocean Platforms by Hybrid Integral-Equation Method, International Journal of Offshore and Polar Engineering, Vol.1, No.2, pp.146-153, 1991

4-50) Matsui, T. : Hydrodynamic Response of a Matlike Floating Circular Plate Advancing in Waves, Journal of Offshore Mechanics and Arctic Engineering (Trans. ASME), Vol.129, pp.223-232, 2007

4-51) 日本造船学会海洋工学委員会性能部会編：超大型浮体構造物，成山堂書店，1995

4-52) 元良誠三監修：船体と海洋構造物の運動学，成山堂書店，1982

4-53) 川上善嗣，森平晃司，遠藤龍司：弾性浮体モデルのモード特性に関する実験，構造工学論文集，B 57B, pp.1-7, 2011

4-54) 松井徹哉，加藤賢治：ハイブリッド型有限要素法による回転形浮体に働く定常波漂流力の数値解析，日本建築学会構造系論文報告集，第381号，pp.81-92, 1987.11

4-55) 松井徹哉：不規則波中の係留構造物に働く長周期変動波漂流力　2次厳正理論の定式化および応用，日本建築学会構造系論文報告集，第382号，pp.65-76, 1987.12

4-56) 遠藤龍司, 黒木宏之, 藤野照政, 登坂宣好：ユニット連結型浮遊式海洋建築物の波浪応答解析と実験解析, 構造工学論文集, B 46B, pp.147-152, 2000

4-57) 松井徹哉, 酒向裕司：緊張係留浮体の2次波強制力による応答と係留力, 日本造船学会論文集, 第169号, 151-164, 1991

4-58) 増田光一, 居駒知樹, 永井孝志：コラム・フーティング型緊張係留浮体のスプリンギング応答に関する研究, 日本建築学会構造系論文集, 第466号, pp.175-184, 1994.12

4-59) 松井徹哉, 李相曄：波と流れの複合作用を受ける回転形浮体に働く流体力, 日本建築学会構造系論文集, 第466号, pp.165-174, 1994.12

4-60) 金徳印, 松井徹哉：TLP係留索の疲労損傷への2次波浪外力の寄与について, 日本建築学会構造系論文集, 第521号, pp.177-184, 1999.7

4-61) Matsui, T.：Computation of Slowly Varying Second-Order Hydrodynamic Forces on Floating Structures in Irregular Waves, Journal of Offshore Mechanics and Arctic Engineering (Trans. ASME), Vol.111, pp.223-232, 1989.

4-62) Matsui, T., Suzuki, T. and Sakoh, Y.：Second-Order Diffraction Forces on Floating Three-Dimensional Bodies in Regular Waves, International Journal of Offshore and Polar Engineering, Vol.2, No..3, pp.175-185, 1992.

4-63) Matsui, T., Sakoh, Y. and Nozu, T.：Second-Order Sum-Frequency Oscillations of Tension-Leg Platforms: Prediction and Measurement, Applied Ocean Research, Vol.15, No.2, pp.107-118, 1993.

4-64) 遠藤龍司, 川上善嗣：動水圧分布に着目した弾性浮体構造物の波浪応答実験, 日本建築学会構造系論文集, 第684号, pp.395-404, 2013.2

4-65) 濱本卓司, 加村久哉：大規模浮遊式海洋人工島への風波と海震の荷重効果, 日本建築学会構造系論文集, 第481号, pp.153-162, 1996.3

4-66) 濱本卓司, 三角猛二郎：海底面を水平方向に伝播する地震波に対する浮遊式海洋人工島の海震応答, 日本建築学会構造系論文集, 第485号, pp.145-154, 1996.7

4-67) 濱本卓司, 徳渕正毅：風波と海震に対する大規模浮遊式人工島緊張繋留索の最小必要剛性, 日本建築学会構造系論文集, 第498号, pp.177-184, 1997.8

4-68) 高木又男, 斉藤公男：非周期的造波問題の周波数領域での取扱い（第3報）, 関西造船協会誌, 第187号, 1982.

4-69) 濱本卓司, 田中彌壽雄：風波を受ける浮遊式海洋人工島の応答挙動 浮遊弾性円板の流体～構造物相互作用解析その2, 日本建築学会構造系論文報告集, 第442号, pp.157-167, 1992.12

4-70) Det Norske Veritus: Rules for the Design, Construction and Inspection of Offshore Structures, 1977.

4-71) International Maritime Organization: Codes for the Construction and Equipment of Mobile Offshore Drilling Units, IMO 1810E, 2010.

4-72) 菊竹清訓編著：メガストラクチャー ―新しい都市環境を求めて, 早稲田大学理工総研シリーズ 5, 早稲田大学出版部, 1995

4-73) 山内保文監修：船舶・海洋技術者のための不規則振動論, 海文堂, 1986

4-74) 吉田宏一郎監修：海洋工学の基礎知識, 成山堂書店, 1999

4-75) 日本建築学会：建物と地盤の動的相互作用を考慮した応答解析と耐震設計, 2006

4-76) 日本建築学会：鋼構造設計規準－許容応力度設計法－, 2005

4-77) 日本建築学会：鋼構造塑性設計指針, 2010

4-78) 日本建築学会：鋼構造限界状態設計指針・同解説, 2010

4-79) 日本建築学会：鉄筋コンクリート構造計算規準・同解説, 2010

4-80) 日本建築学会：プレストレストコンクリート設計施工規準・同解説, 1988

4-81) 日本建築学会：建築基礎構造設計指針, 2001

4-82) 船舶設備規定, 最終改正 平成26年7月1日 国土交通省令第62号

4-83) 国土交通省港湾局：港湾における船内廃棄物の受入に関するガイドライン（案）Ver.1.1, 2012.12

5章 管 理

「3章 計画」および「4章 設計」で設定した目標性能は，建設時，使用時（再利用時を含む）および解体撤去時に至るライフサイクルを通して確保されなければならない．本章では，そのために計画・設計の段階で留意しておくべき建設，維持管理・検査および解体撤去に関する基本的事項をまとめる．

5.1 建　　設
5.1.1 建設の基本

> 海洋建築物の建設にあたり一般的に考慮すべきことは，建設段階の各過程において気象・海象条件，工事の安全，周辺環境保全などを十分に検討し，かつ信頼のできる建設技術・方法により品質・性能を保持することである．

海洋建築物の建設は陸上建築物とは異なるため，建設方式を十分考慮して設計に反映させる．

建造場所は造船ドック，ドライドックおよび設置海域となる．したがって，建設段階の各過程において気象・海象条件を十分調査，検討するとともに，仮設・工事用資材の運搬計画など，また，建設時の周辺環境の保全ならびに工事の安全確保などに十分留意して建設方法，施工方法，工程計画などを定めなければならない．

5.1.2 建設時荷重

> 海洋建築物の設計にあたっては，建設段階の荷重として，必要に応じ次の荷重を考慮する．
> (1) 建造時荷重
> (2) 進水時荷重
> (3) 曳航時荷重
> (4) 設置時荷重

建造場所が陸上，海上のいずれかにより，次のような建設段階の荷重を考慮する必要がある．

(1) 建造時荷重

（ⅰ）盤木からの反力

海洋建築物が建造途中で盤木上に設置される場合，盤木から構造物の重量に相当する反力を受ける．この力は浮力などに比して，次の特徴があるので注意しなければならない．

・浮力は没水部全体に分布するのに対し，盤木からの反力は盤木の当たっている部分にのみ集中する．

・盤木が多数ある場合には，各盤木の反力が著しく不均衡になることがある．

（ⅱ）吊り荷重

構造物全体または分割製作されたブロックを吊り上げる場合，吊り点に荷重が作用する．吊り荷重の計算にあたっては，重量に対応する静的荷重以外に衝撃荷重を考えなければならない．

静的荷重と衝撃荷重との和を静的荷重で割った値を衝撃荷重係数(k)とする．衝撃荷重係数の値については，API (American Petroleum Institute) に以下の例がある．

海洋で，バージ上のものをフローティングクレーンで吊る場合

・パッドアイ(pad eye)［アイプレート(eye plate)と同じ］およびパッドアイが直接設置されている部材：$k=2.0$

・そのほかの部材：$k=1.35$

(2) 進水時荷重

船台で建設した構造物が進水する過程では，その構造物の重量は着水部分に働く浮力と，まだ船台上にある部分が受ける船台からの支持力によって支持されている．

このときの船台の支持力および構造物に発生する曲げモーメントが非常に大きくなるので，重量，浮力，船台の支持力の釣り合い式を解き，これらの値を正確に把握する必要がある．

(3) 曳航時荷重

曳航時にとくに注意すべき荷重は，波浪荷重および動揺によって上部構造物に作用する荷重である．

動揺による荷重の大きさを決める要素，つまり動揺量およびその周期は厳密には，曳航時の海象条件下における動揺計算や水槽試験で求めるが，ABS (American Bureau of Shipping) やNDA (Noble Denton & Associates Limited) では，

次のように便宜的に仮定した動揺値に基づき動揺による荷重を求めている．

- ABS　　　　　　ロール：15°10'，ピッチ：15°10'
- NDA　　　　　　ロール：20°10'，ピッチ：15°10'

d. 設置時荷重

構造物を設置する際に作用する荷重であり，次のような荷重が考えられる．

(1) 進水荷重

バージ上の構造物の沈設にあたって，それをバージから進水する場合，前述の進水時荷重と類似の進水荷重が作用する．

(2) 吊り荷重

設置時にクレーンで補助吊りする場合は，クレーンの吊り荷重が作用する．この荷重に対する衝撃荷重係数は製作時の吊り荷重のものと同じ値を用いる．

(3) バラスト荷重

バラストを使って構造物を沈設・設置する場合には，バラストによる荷重が作用する．

(4) 接地時の衝撃荷重

構造物が接地するときに，動揺により海底に衝突するような状況が起こり，衝撃力が発生する．

5.1.3 着底式の建設技術の確立

> 着底式の設計を行うにあたって，建造，輸送，現地施工，固定工事（海底工，着底工など）の各段階を考慮する．場合によっては，建設技術の確立・開発が必要となる．

建設サイトの状況によって建造場所，運搬方法などは異なると考えられる．状況を勘案して最適な方法を選択することが重要で，そのためには建設技術の確立・開発も必要となる．

着底式の事例を以下に紹介する〔詳細は「5.4 実施例」参照〕．

- ○ コンクリートバッチャープラントバージ
- ○ 石油掘削プラットフォーム（Super CIDS）
- ○ オホーツクタワー

5.1.4 浮体式の建設技術の確立

> 浮体式の設計を行うにあたって，建造，輸送，現地施工，係留工事（アンカー工，位置決め工など）の各段階を考慮する．場合によっては，建設技術の確立・開発が必要となる．

浮体式においても，着底式と同様に建設技術の確立・開発が必要となる．

索係留，ドルフィン係留の事例を以下に紹介する〔詳細は「5.4 実施例」参照〕．

- ○ C-BOAT 500
- ○ みなとみらい21・海上旅客ターミナル

5.1.5 要素技術の確立

> 建設技術を遂行するためには，その工法に含まれる要素技術の確立・開発が重要である．

建設段階では種々の建設技術が使われるが，遅滞なく建設を遂行するためには，その建設技術を裏づける要素技術の確立・開発が重要である．

要素技術の開発例を以下に示す．

a. 海上輸送

造船所のドライドック，沿岸の製作ヤードなどで製作した後，設置海域まで運ぶ方法として，浮体であればそのまま曳船で曳航する，あるいは台船に載せて運搬するなどが考えられる[5-1]．写真5.1は，曳船と警戒船とで船団を組ん

写真 5.1 曳航状況[5-2]

で曳航している様子である．

b. 水中溶接工[5-3),5-4)]

海中での溶接には，溶接棒の薬が溶け落ちないようにテープを巻いたもの，またはコーティングを施した溶接棒を使用する必要がある．

陸上の溶接とは異なり，水温，水圧，浮力などが溶接の仕上がりや強度に大きく影響することに留意して行う必要がある．陸上での溶接と比較すると，海中溶接では瞬間的に冷却されるため，強度は約20％，延性は約40％低下するといわれている．そのため，水中溶接を行う際には，ビートを細かく一定にするなど，溶接強度を考慮したうえでの作業が必要となる．

c. 海中コンクリート工

陸上で通常行われているシューターやチョウチンなどを使って打設する方法は，水中でセメントと骨材とが分離することになり，良質のコンクリートは期待できない．そのため，場所打ちコンクリート杭に使われている方法と同様の方法がとられる．この方法はトレミー管を用いて行い，トレミー管の先端が常にコンクリート中にあるようにして打設し，打設面とともにトレミー管を引き揚げながら水をコンクリートに置換し，所定の位置まで打ち込むことが重要である．なお，場所打ちコンクリート杭工法と異なり，海水をコンクリートで置換することになる．適切な単位水量や単位セメント量の調合および良質なAE減水剤や不分離性混和剤を用いることを検討することで，最適な海中コンクリートを打設することが可能となる．

d. 洋上接合工

大型浮体を建設する場合，分割建造した複数の浮体ユニットを設置海域に曳航し，これらを洋上で接合する方法が考えられる．まず引き寄せて仮接合し，その後に本接合する．鋼製浮体とコンクリート製浮体とでは本接合の際に異なる留意事項がある．以下に両洋上接合例をあげて留意事項を示す．

(1) 鋼製浮体（メガフロート）の場合〔図5.1〕

仮接合した状態では接合部は若干変動している．溶接開先のルートギャップが変動している状態で溶接を行うと，割れなどの溶接欠陥が生じることがある．そのため，ストロングバックと取付け治具で拘束することにより，開先内の変動を溶接できる値まで抑えこむことが重要である．

(2) コンクリート製浮体の場合〔図5.2〕

仮接合した状態では，接合部は若干変動している．隙間にモルタル充填を行い，硬化後にプレストレッシングにより本接合する．モルタルが硬化するまで接合部の変動を硬化に影響ないまでに抑え込むことが重要である．

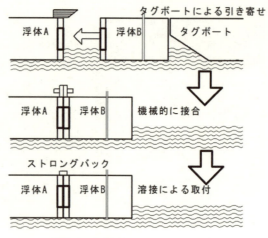

図5.1 鋼製浮体の洋上接合例[5-5]

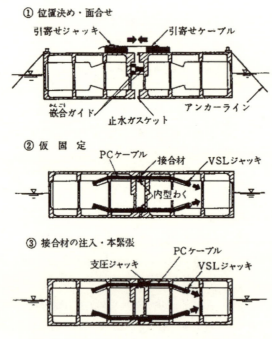

図5.2 コンクリート製浮体の洋上接合例[5-6]

e. 海底地盤工

海底地盤改良工法，根固め工法，砕石マウンド工法などがある．海洋土木技術関連の文献が参考になる．

5.2 維持管理

> 設計時に設定した使用期間に対する目標性能を満足するように，定期検査やモニタリングを行う．その結果に基づき，点検・診断，総合評価，修繕・補修・補強などを実施し，海洋建築物の性能を維持管理する．

海洋建築物の維持管理は重要であり，維持管理計画に基づき，ライフサイクルモニタリングを実施する．その中心となるのが定期検査とモニタリングである．とくにモニタリングについては，構造モニタリング，設備モニタリング，環境モニタリングに分けて実施し，常時だけでなく非常時にも対応できるシステムを構成しておく〔3.5 維持管理計画 参照〕．得られたモニタリング情報から，点検・診断，総合評価，修繕・補修・補強を適切に実施し，海洋建築物の維持管理を行う[5-7),5-8),5-9),5-10),5-11),5-12]．

5.3 解体撤去・再利用
5.3.1 解体撤去

> 海洋建築の計画・設計の際には，使用後の解体撤去計画を含め検討する．その際考慮すべき事項として，解体撤去時期・理由（使用中止，老朽化など），工法（着底式，浮体式）があり，海洋環境対策，解体材の処理方法（リサイクル，産業廃棄物処理など）にも配慮が必要である．

海洋建築物は，その建設時と使用時に大量の資源とエネルギーを消費し，解体撤去時には多量の廃棄物を排出することになる．地球環境に与える影響は大きく，計画・設計にあたっては，使用後の解体撤去をも視野に入れたライフサイクル対応が必要である．

海洋での廃棄物の投棄や焼却処分（海洋投棄）については，ロンドン条約（1972年 廃棄物その他の物の投棄による海洋汚染の防止に関する条約）の1996年議定書の採択によって原則禁止されており，実際の解体撤去時においては海洋環境対策，解体材の処理方法などにさまざまな対策が求められる．

以下に，解体撤去の事例を示す．

- アクアポリス

   沖縄国際海洋博覧会終了後も，1976年（昭和51年）3月に2億円で沖縄県に譲渡されて営業を継続したが，1993年（平成5年）11月に閉鎖．2000年（平成12年）10月に米国企業に売却され，同月23日に上海へ曳航，スクラップにされた．

5.3.2 再利用

> 海洋建築の計画・設計の際には，再利用への対応を視野に入れる．

使用中止後の転用検討も長寿命化を図る手立てとして有効である．

以下に，再利用された事例を示す．

- コンクリートバッチャープラントバージ

   機器撤去，再浮上，曳航の後，漁港で生簀（いけす）として再利用されている．

- グレートバリアリーフのフローティングホテル

   オーストラリア・グレートバリアリーフから曳航，ベトナムのサイゴン川でホテルとして営業していたが，再度曳航され，北朝鮮で韓国からの観光客向けホテルとして営業している．

- メガフロート

   分割して，種々のところに譲渡され，防災基地，魚釣り桟橋などとして再利用されている[5-22]．

- C-BOAT 500

   コンクリートバージとして建造されたが，解放された船倉上部に甲板をつけて塞ぎ，本州四国連絡橋の建設現場で浮き桟橋として再利用された．現在は瀬戸内海の粟島で浮き桟橋として再々利用されている[5-13]．

5.4 実施例
5.4.1 コンクリートバッチャープラントバージ（着底式）[5-14]

a. 設計概要

本州四国連絡橋児島～坂出ルート南北備讃瀬戸大橋の両吊桁の主アンカーケーブルを定着する 4A アンカレイジの気中コンクリート（約25万m^3）を海上打設するため，コンクリートバッチャープラント（150m^3/h）を搭載するプレストレストコンクリート製函体（PC函体）である〔写真5.2〕．また構造図を図5.3，5.4に示す．

既存の造船所のドライドック内で建造し，4A西側に曳航，沈設，現地で4Aの気中コンクリートの打設に使用され，終了後は再浮上させて八幡浜港にて防波堤兼いけすとして再利用されている．

- 主要寸法　　全長：62.0m，全幅：23.9m，全高：10.0m，曳航時喫水：5.45m
- 主体構造　　縦方向：PC構造（VSLケーブル），横方向：PC構造（VSLケーブル），
    鉛直方向：PC構造（アンボンドPC鋼棒）

b. 建設概要

(1) 場所打ち工法によるブロック施工

函体の製作は，縦方向に 5 ブロック，高さ方向に 6 リフトに分割して行った．1, 3, 5 ブロックは，2, 4 ブロックより先行し，1 ブロック単位は 1 リフト同時施工とした．コンクリート打設 2〜4 日後に温度応力，乾燥収縮による初期ひび割れ対策として，プレストレスの導入（一次緊張）を行った．導入力はコンクリート応力度で 1〜2N/mm² になる程度とした．本緊張のプレストレス量は，各部材設計荷重に応じ，PC ケーブルにより 5〜9N/mm²，PC 鋼棒により 2〜3N/mm² とした．

写真 5.2 バッチャープラント稼働中

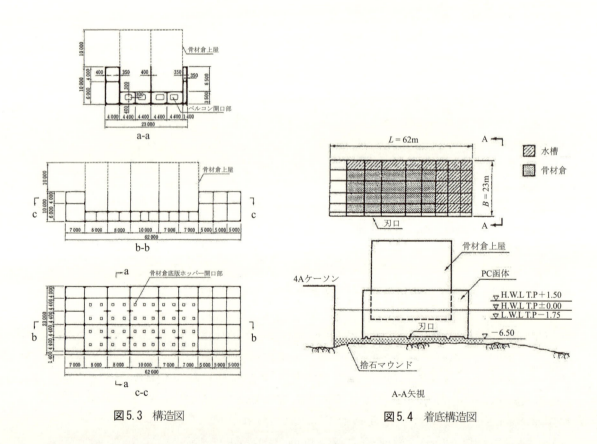

図 5.3 構造図　　　　**図 5.4** 着底構造図

(2) 進水・曳航

ドライドック内で建造したため，進水は一般的なドック内注水方式とし，一部のプラント設備を搭載した状態で行った．曳航は出渠後ただちに開始し，主曳船 3 隻と補助曳船，警戒船等の船団を組み，坂出までの約 80km の距離を曳航した．

(3) 沈設・着底

沈設場所の水深は約 6.5m で，平均潮位時で PC 函体と捨石マウンドとのクリアランスが 40cm 程度しかないので，高潮位時を利用して沈設・着底作業を行った．写真 5.3～5.6 に建造・曳航・稼働中の写真を示す．

写真 5.3　建造（完成間近）

写真 5.4　曳航中

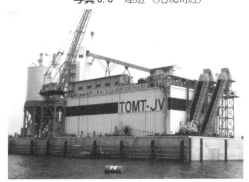
写真 5.5　設置・設備搭載終了

写真 5.6　4A 橋脚完成間近

5.4.2　Super CIDS（着底式）[5-15], [5-16], [5-17], [5-18]

a.　設計概要

冬季も稼動可能な北極海向け移動式人工島であり，世界初の鋼－コンクリート複合構造による海洋石油掘削リグである．重力着底式のプラットフォームであるが，浮上して他の場所に移動可能である［図 5.5］．

図 5.6 に示すように，鋼製デッキストレージバージ（DSB），プレストレストコンクリート製 BB-44，鋼製マッドベース（SMB）の 3 層構造となっている．DSB，BB-44，SMB 相互はおのおのテンションストラップという鋼製の板で接合されている．テンションストラップは BB-44 に埋め込まれた金物に溶接され DSB，SMB と接合される．

鋼製およびコンクリート製の各構造要素は洋上で分割組み立てが可能で，寸法の異なるコンクリートブリックを入れ替え，追加することで水深の変化に対応可能である．また，デッキストレージバージ上の掘削モジュールは独立して稼動でき取り外して他の場所で使用することも可能である．底板の下に高さ 1.5m のスカートを有し，これが着底時に海底地盤に潜り込み氷荷重に抵抗する．また，サイト移動時の離脱を容易にするため，海水と空気を噴出するジェッテイングが装備されている．

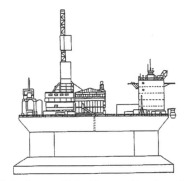
図 5.5　Super CIDS　Glomar　Beaufort Sea I

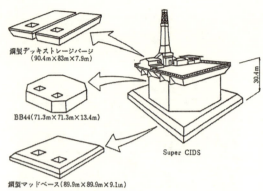

項目	SMB	BB-44	DSB
重量	13,000t	3,500t	8,000t
幅×長さ	89×95m	71.3×71.3m	83×88.5m
高さ	7.6m	13.4m	7.9m
材料	鋼	コンクリート	鋼

図5.6　3層構造の概要

b. 建設概要

　DSB，BB-44，SMB とドリリングユニットは別々の製作所で建造され，津の造船所で結合された．津製作所の沖合い3マイルの海域で SMB と BB-44 が洋上接合（スタッキング，図5.7参照）され，その後製作所岸壁で3000トンクレーン2機の共吊で左右の DSB を搭載した〔写真5.7〕．建造期間は約9ヶ月と短期間であった．完成後，ベーリング海を北上しボーフォート海まで曳航され，計画地に着底された．

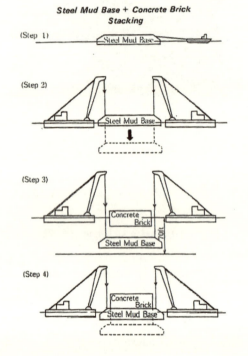

図5.7　SMB と BB-44 の洋上接合（スタッキング手順）

写真5.7　搭載中の DSB

5.4.3　オホーツクタワー（着底式）[5-19]

a. 設計概要

　オホーツクタワーは，1996年に北海道紋別市に建設された氷海展望塔〔写真5.8〕である．

- 所在地：紋別市海洋公園1番地先公有水面
- 用　途：海中・海上展望塔
- 構造種別：RC造およびS造
- 構造形式：上部S造ブレース付きラーメン構造，下部 コンクリートシェル構造
- 階　数：地下1階，地上4階
- 敷地面積：3,920.00 ㎡
- 建築面積：1,262.18 ㎡

- 延床面積：2,180.22 ㎡
- 屋 根：アスファルト外断熱防水の上，押えコンクリート 80mm
- 外 壁：チタンパネル t=1mm
- 軒 裏：軽量気泡コンクリートパネル（フッ素樹脂塗装）
- 最高高さ：34.65m
- 基礎形式：直接基礎
- 積雪荷重：長期 210kg/㎡，短期 105kg/㎡

b. 建設概要

　タワーは，下部構造，上部構造，渡海橋の3つのパーツに分けられ，それぞれ図5.8に示す別々の場所（下部構造はフローティングドック，上部構造と渡海橋は岸壁背後地）で製作された．組立ては，まず下部構造は大型起重機船を用いて下部構造を外海の設置箇所に据え付け，その後，陸送または船で曳航された上部構造・渡海橋が一体化された．

写真5.8 オホーツクタワー（完成時）

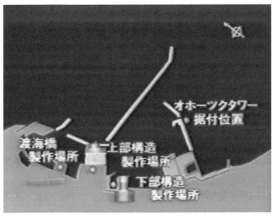

図5.8 構成部位の製作場所

(1) 下部構造製作

　下部構造は，直径23mの海中展望室とエレベーター・階段などのシャフト部からなる鉄筋コンクリート二重円筒構造である．全体を11段階に分けて施工した．使用コンクリートは，耐寒性・耐海洋性・耐水密性・ひび割れ抵抗性の機能が発揮される配合とした．下部構造に使用する防護鉄板は工場で製作し，そこで仮組み，検査した後，紋別へと陸送した．防護鉄板は，鉄筋コンクリート構造の表面のアスファルト防水層を保護するだけでなく，防水機能も併せ持ち，海中階の水密性をさらに高める役割を持っている．工程上3段目から10段目までが，厳しい寒さの中での施工となるので，下部構造全体をシートで覆い，コンクリート打設後の養生に備えた．内部温度を温風機によって任意に保てるように養生屋根を設けて防寒し，コンクリートの温度応力によるひび割れを防いだ．

(2) 上部構造および渡海橋の製作

　上部構造は下部構造の製作と並行して進められた．防食対策として外壁がチタン鋼板で覆われている．上部構造に使用する鉄骨も工場で製作し，検査後，紋別へと陸送した．渡海橋は，幅5m，長さ42mの鉄骨トラス構造である．

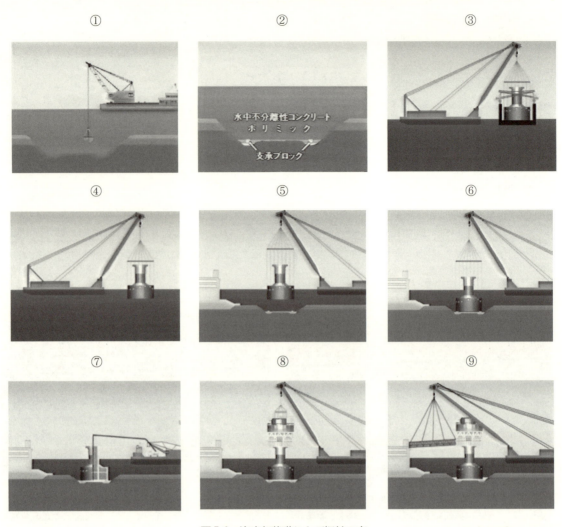

図5.9 海底部基礎および据付工事

(3) 海底部基礎および据付工事

海底部基礎および据付工事は次のような方法・順序で行った〔図5.9〕．

① オホーツクタワー据え付け位置で，クラブ式浚渫船によって据え付け地盤から14.75m下（−14.75m）まで掘削
② 水中不分離性コンクリートを打設，このとき，後に下部構造を仮受けする支承ブロックを設置
③ 大型起重機船で下部構造を吊った状態を保ちながらフローティングドック内に海水を注入
④ 下部構造が進水し，ドックから引き出す
⑤ 下部構造を据え付け場所まで曳航
⑥ 下部構造を支承ブロックの上に設置
⑦ 下部構造内部の配管を通じて水中不分離コンクリートを注入
⑧ 上部構造を下部構造に接合
⑨ 渡海橋の取り付け，および根固めコンクリートを打設

5.4.4 C-BOAT 500（浮体式）[5-20)]

a. 設計概要

　日本舶用機器開発協会との共同開発により，コンクリートバージ「C-BOAT 500」の研究開発が行われた〔写真5.9〕．開発研究を終えて，完成1年後には浮き桟橋として改造し，東京湾から瀬戸内海まで曳航して本州四国連絡橋工事作業所の浮桟橋として使用された．現在は，香川県三豊市詫間町粟島で浮桟橋として余生をおくっている〔写真5.9〕．

　・主要寸法　　　全長：37.0m，全幅：9.0m，全高：3.1m，満載喫水：2.6m
　・主体構造　　　縦方向：PC構造（VSLケーブル），横方向：RC構造，鉛直方向：RC構造

・構造材料　　　高強度軽量コンクリート（Fc=45N/mm²）VSLモノストランド用のより線

b. 建設概要

　人工軽量骨材を用い，単位水量を極力低減した高強度軽量コンクリートを採用することとしたため，材料面でも十分な品質管理が必要であり，また，構造形式，部材寸法および補強筋の配置等からみて，場所打ち工法では施工精度の面で難点があり，さらに将来の大型海洋構造物建造技術の確認等の諸条件を考慮して，プレキャスト工法を採用することとした．建造方法としては，プレハブ工場でプレキャストブロックを製作し，これを造船所に運搬し，進水船台上で組立てジョイントし，進水させる方式とした〔図5.10〕.

写真5.9　C-BOAT 500（進水時）

(1) プレキャストブロック製作

　プレハブ工場で製作したプレキャストブロックは船首，船尾部を除くバージの中央部，長さ30mの船殻部分を構成するもので，ブロック数は舷側部ブロック20基，船底部ブロック20基の合計40基である.

(2) 組立て・建造

　プレキャストブロックの組立て・建造は，既設造船所斜路船台の水平区間（勾配3/1000）を使用して行った．ブロック位置微調整後，断面方向4基（舷側部2基，船底部3基）のブロック接合を行った．養生後，次に縦方向のブロック接合をVSL工法により一体化した.

　次いで，船首，船尾部分を場所打ち工法による鉄筋コンクリート構造で建造した.

　建造中の写真を写真5.10に示す.

(3) 進水

　船の進水方法には各種の方法があるが，今回使用した造船所には台車による進水施設があり，また，試作バージの構造上も台車による縦進水方式が可能なため，船首，船尾付近の水密隔壁箇所の2点で支持する台車方式によって進水させた.

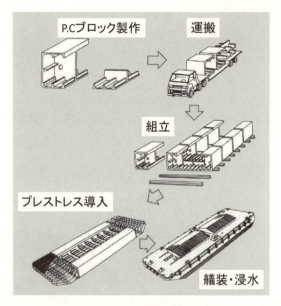

図 5.10　建造方法

写真 5.10　建設のプロセス

5.4.5　みなとみらい21・海上旅客ターミナル（浮体式）[5-21]

a.　設計概要

　みなとみらい21・海上旅客ターミナルは，1991年に建設された日本初の浮体式旅客ターミナルであり，さらに50mと70mの浮桟橋を加えた「みなとみらい桟橋」（愛称：ぷかりさん橋）として，海上アクセスの拠点となっている［写真5.11］．

- 所 在 地：横浜市西区みなとみらい［図5.11］
- 用　　途：1階　発券所兼待合所，2階　店舗（レストラン）
- 構造種別：上部　S造，下部　合成版式ハイブリッド（S造＋RC造）
- 階　　数：地下1階（浮体内部），地上2階
- 規　　模：浮体　24m×24m×3.2m，吃水 2.0m，幹舷 1.2m，上部　延床面積 513m^2
- 係留方法：コンクリートドルフィン（2基）＋ゴムフェンダー
- 設置水深：7m
- 排 水 量：満載時 1200t

写真5.11 みなとみらい21・海上旅客ターミナル

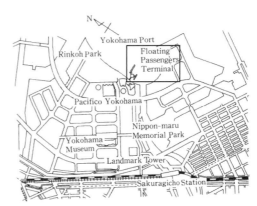
図5.11 設置場所

b. 建設概要

　ターミナルの建造は，下部浮体および上部建屋の鉄骨建方までを製作ヤードの船台上にて行い，進水後，艤装岸壁に係留した状態で内外装，設備工事が実施された．その後，ターミナルが完成した状態で，2隻の曳船によって現地に曳航され，係留台2基と一体化された．

(1) 下部浮体の建造

　構造形式は，厚さ8mmの鋼殻のまわりに厚さ15cmの鉄筋コンクリートを被覆したハイブリッド構造である．ハイブリッド構造の特徴として，①強固な鋼殻による完全止水性，②鉄筋コンクリート被覆による鋼材腐食の防止，③上部構造と鋼殻の一体化による高い安全性，④工場製作による信頼性確保と現地工事の省力化，⑤軽量化による施工性向上，などが挙げられる．

　施工に際し，鋼板とコンクリートの一体化のため，スタッドをあらかじめ鋼板に打ちつけ，鋼殻を天地返しして，コンクリート打設養生後に反転する方式としている．使用するコンクリートは，耐久性向上の観点から水セメント比を極力低減させた配合とし，さらに側壁部は，ワーカビリティを高めるため流動化剤を後添加した．外周部のコンクリート表面は，耐久性向上と化粧の両方の観点より塗装をかけている．

(2) 上部建屋の施工

　上部建屋の鉄骨工事は，浮かんだ状態では柱脚の鉛直精度確保が難しいことから，進水に先立って船台上にて実施した．柱脚は下部浮体の鋼殻に全強で溶接する構造としている．外部に露出する部材は，最終的にすべてフッ素樹脂塗装で仕上げている．上部建屋の鉄骨建方を完了した時点で，海上クレーンを使用して吊り進水させた〔写真5.12〕．進水後，艤装岸壁に係留し，浮かんだ状態で内外装，設備工事を実施した〔写真5.13〕．

(3) 現地曳航，据付工事

　みなとみらい21の現地は，護岸部がすでに供用されており，また，陸からの大型工事車両のアクセスができないことから，ターミナルは完成した状態での現地曳航を計画した．曳航は1500PSの主曳船と補助曳船の2隻を用い，約13kmの海上を2時間で移動した〔写真5.14〕．

　現地に到着したターミナルは，ただちにFC船とドルフィン上に設置した電動ウィンチのワイヤ操作により所定位置に仮据付した．翌日，防舷材をあらかじめ取り付けた係留台2基を下部浮体本体にボルト接合し，据付を完了した〔図5.12〕．

写真5.12 フローティングクレーンによる進水状況

写真5.13 岸壁での施工状況

写真5.14 曳航状況

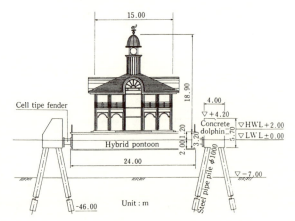
図5.12 設置断面図

参考文献

5-1) 藤澤康雄, 増田光一, 前田久明：曳航中のコーン形状構造物に作用する流体力と波浪強制力および運動特性に関する研究 第1報 流体力と波浪強制力, 日本建築学会構造系論文報告集, 第428号, pp.119-130, 1991.10

5-2) 後藤英一ほか：洋上コンクリートバッチャープラントを搭載するPC函体の設計と施工について, プレストレストコンクリート, Vol.25, NO.3, pp.54-62, 1983.5

5-3) 清水五郎：海中電着工法の電着技術に関する実験的研究 その1 鉄金属体への電着, 日本建築学会構造系論文集, 第493号, pp.147-154, 1997.3

5-4) 清水五郎：海中電着工法の電着技術に関する実験的研究 その2 非金属体への応用, 日本建築学会構造系論文集, 第499号, pp.163-168, 1997.9

5-5) 山下泰生：メガフロートの洋上接合, 溶接学会誌, pp.315-318, 2000.6.

5-6) 松元和彦, 野口憲一：波浪外力の影響を受ける接合部の充填モルタルの硬化, コンクリート工学, Vol.17, No.11, pp.73-74, 1979.11.

5-7) 遠藤龍司, 濱本卓司, 登坂宣好：大型浮遊式海洋構造物模型のモード特性の同定, 日本建築学会構造系論文集, 第495号, pp.129-134, 1997.5

5-8) 川上善嗣, 遠藤龍司, 登坂宣好：フィルタリングアルゴリズムを用いた大型浮遊式海洋建築物模型の損傷同定解析, 日本建築学会構造系論文集, 第547号, pp.215-222, 2001.9

5-9) 遠藤龍司, 登坂宣好, 川上善嗣, 塩田寿美子：パラメトリック射影フィルタに基づくアルゴリズムを用いた大型浮遊式海洋建築物模型の損傷同定解析, 日本建築学会構造系論文集, 第559号, pp.237-244, 2002.9

5-10) 石湘, 水野啓示朗, 松井徹哉, 大森博司：多方向不規則波を受けるジャケット式海洋プラットフォームの常時微動応答に基づくモード同定, 日本建築学会構造系論文集, 第585号, pp.239-247, 2004.11

5-11) 石湘, 松井徹哉, 水野啓示朗, 大森博司：局部計測に基づく海洋ジャケットプラットフォームの損傷検出, 日本建築学会構造系論文集, 第591号, pp.169-177, 2005.5

5-12) 浮島文香, 大即信明, 西田孝弘：25年間海洋環境に暴露したコンクリート中鉄筋の腐食に及ぼす打継ぎ処理方法の影響, 日本建築学会構造系論文集, 第601号, pp.23-30, 2006.3

5-13) 小林理市, 野口憲一：30年を迎えるC-BOAT500 ふたたび浮遊式構造物の耐久性を考える, セメント・コンクリート, No.723, pp.50-55, セメント協会, 2007.5

5-14) 後藤英一ほか：洋上コンクリートバッチャープラントを搭載するPC函体の設計と施工について, プレストレストコンクリート, Vol.25, NO.3, pp.54-62, 1983.5

5-15) 丸山, 大貫, 塩川, 田中, 中島, 福島；北極海向け移動式石油掘削装置 (Super CIDS), 日本鋼管技報 No.106, pp.98-110, 1985.

5-16) 中島, 渡辺, 黒木, 大場；北極海向けPRC人工島の設計施工, プレストレストコンクリート, Vol.26, No.6, pp.19-29, 1984.11.

5-17) 渡辺：氷解向 鋼／コンクリート複合型人工島"Super CIDS"について, JSSC Vol.20, No.29, pp.21-25, 1984.12

5-18) 大野, 大柿；特集最近の海洋構造物 移動式石油掘削装置 (Super CIDS), 土木技術, Vol.44, No.2, pp.84-91, 1989.2

5-19) 五洋建設：「氷の海に築く」オホーツクタワー建設の記録, 製作 HBC映画社, 1996.3

5-20) 小林理市ほか：コンクリートバージ「C-BOAT 500」の建造, コンクリート工学, Vol.16, No.11, 1978.11

5-21) 前田直寛ほか：みなとみらい21 海上旅客ターミナルの建設, NKK技報, No.140, pp.89-94, 1992.8

5-22) 財団法人 日本造船技術センター インターネットホームページ：
http://www.srcj.or.jp/html/megafloat/results/res_index.html

索　引

【あ】

アクセス（Access）…37
アダプティブ（Adaptive）…28
アンカー（Anchor）…107
安全性（Safety）…1, 31, 41, 44, 50
安全限界状態（Safety Limit State）…50
安定解析（Stability Analysis）…97

【い】

維持管理（Maintenance Management）…4, 124
維持管理計画（Maintenance Planning）…57
位置保持システム（Station-keeping System）
　　　　　　　　　　　　　　　　…106-108
医療計画（Medical Care Planning）…43
陰解法（Implicit Method）…96
インフラストラクチャー（Infrastructure）…2, 25
インフラフリー（Infra-Free）…2, 37, 52, 54

【う】

雨水荷重（Rain Load）…84
埋立て（Reclamation）…11, 64
運動方程式（Equation of Motion）…92, 93

【え】

影響リスク（Adverse Impact Risk）…2, 46
曳航（Towing）…4, 122
曳航時荷重（Towing-stage Load）…121
衛星回線（Satellite Channel）…56
永続作用（Permanent Action）…46, 76
液状化（Liquefaction）…109
塩害（Salt Damage）…16, 88, 111
鉛直展開性（Vertical Extensibility）…16, 30

【お】

応答解析（Response Analysis）…96
応力拡大係数（Stress Intensity Factor）…102
応力集中（Stress Concentration）…101
応力範囲（Stress Range）…101
音（Sound）…12
温度荷重（Temperature Load）…84
温度差（Temperature Gradient）…18, 54

【か】

海域（Sea Area）…1, 5, 27, 76
海域環境（Marine Environment）…1, 27, 111
海域特性（Marine Characteristics）…5,
海岸線（Coastline）…11
海象（Marine Phenomenon）…10, 17
海上都市（Artificial Island City）…1
海上輸送（Marine Transport）…122
海震（Seaquake）…22
海震荷重（Seaquake Load）…82
海水（Sea Water）…5, 7, 8
回折理論（Diffraction Theory）…90-91
解体撤去（Dismantlement）…4, 125
海中コンクリート（Undersea Concrete）…123
海底火山（Submarine Volcano）…23
海底ケーブル（Submarine Cable）…9, 56, 115
海底地質（Marine Geology）…11, 29
海底地形（Submarine Topography）…11, 29
海底地すべり（Submarine Landslide）…23
海底地盤（Seabed）…81, 108
外部要因（Exterior Factor）…41
開放感（Sense of Openness）…12, 30
海洋気象（Marine Meteorology）…3,
海洋空間利用（Ocean Space Utilization）…1
海洋建築（Oceanic Architecture）…1
海洋建築物（Marine Building）…1
海洋生物（Marine Life）…29,
海洋投棄（Ocean Disposal）…125
海流（Ocean Current）…11, 83
化学的作用（Chemical Action）…9,
拡散（Diffusion）…19
隔離性（Separation）…16, 30
火災（Fire）…24
火災荷重（Fire Load）…85
火山（Volcano）…10, 23
荷重組合せ（Load Combination）…73, 85
荷重レベル（Load Level）…3, 50, 73
風荷重（Wind Load）…79-80
カテナリー係留（Catenary Mooring）…49
可動性（Mobility）…45, 105
可変性（Mutability）…13, 30, 45, 105
換気設備（Ventilating Facility）…111
環境アセスメント（Environmental Assessment）
　　　　　　　　　　　　　　　　…2, 34, 116

環境影響（Environmental Impact）…34, 116
環境汚染（Environmental Pollution）…46
環境計画（Environmental Planning）…38
環境刺激（Environmental Stimuli）…3
環境モニタリング（Environmental Monitoring）
　　　　　　　　　　　　　　　…58
感触（Touch）…12
慣性振動（Inertia Oscillation）…9
管理計画（Management Planning）…31
寒流（Cold Current）…11

【き】

気象（Weather）…10
基礎（Foundation）…34, 93, 106
基礎有効入力（Foundation Input Motion）…93
機能維持（Function Maintenance）…27
機能限界状態（Function Limit State）…50, 73, 75
機能性（Functionality）…1, 31
給水設備（Water Supply Facility）…112
給湯設備（Hot Water System）…112
給排水設備（Plumbing Equipment）…54
強風（Strong Wind）…17, 79
漁業（Fishery）…29, 63
漁業権（Fishing Right）…63
居住限界状態（Habitat Limit State）…50, 73, 75
居住性（Habitat）…1, 31, 38-41, 73
許容応力度設計（Allowable Stress Design）…1
緊張係留（Taut Mooring）…49, 77

【く】

杭式（Pile-type）…48, 65, 106
空間の余裕性（Space Allowance）…15, 30
空気調和設備（Air Conditioning Installation）…56, 111
空中モード（Dry Mode）…93
偶発作用（Accidental Action）…46, 76, 85
グレア（Glare）…12, 39
黒潮（Japan Current）…22

【け】

ケーブル材（Cable Member）…104
景観影響（Landscape Impact）…46
係留索（Mooring Line）…49, 77, 109
係留システム（Mooring System）…49
係留力（Mooring Force）…77, 107

限界状態（Limit State）…2, 50, 73
限界状態設計（Limit State Design）…1
健康管理計画（Health Care Planning）…43
検査（Inspection）…4, 57, 121
減衰係数（Damping Coefficient）…92, 94, 95
建造（Construction）…4, 122, 131
建造時荷重（Construction-stage Load）…121
建築計画（Architectural Planning）…31, 34, 35

【こ】

降雨（Rainfall）…20
鋼構造（Steel Structure）…104, 105
鋼材（Steel Member）…87
剛体モード（Rigid Body Mode）…93
高湿度（High Humidity）…19
構造解析（Structural Analysis）…88
構造計画（Structural Planning）…31, 44
構造システム（Structure System）…2, 34, 49
構造種別（Structure Classification）…1
構造性能（Structural Performance）…3, 88
構造設計（Structural Design）…3, 73
構造モニタリング（Structural Monitoring）…58
広大性（Expansiveness）…13, 30
交通システム（Transportation System）…37
氷荷重（Ice Load）…84, 128
コスト評価（Cost Evaluation）…53
固定荷重（Dead Load）…76
孤立感（Sense of Isolation）…12, 30
コンクリート（Concrete）…88

【さ】

再現期間（Return Period）…50, 73
採光（Daylighting）…38
財産保護（Property Protection）…37
再生可能エネルギー（Renewable Energy）
　　　　　　　　　　　　　…35, 54, 112
サイト選定（Site Selection）…2, 31, 34, 45, 52
再利用（Reuse）…4, 125
材料（Material）…50, 86
サボタージュ（Sabotage）…25
作用リスク（Exposed Risk）…2, 46, 50, 73
サングリッタ（Sun-glitter）…12

【し】

索 引 —139—

シェル構造（Shell Structure）…92, 104
潮風（Salt Wind）…16
紫外線（Ultraviolet Rays）…18, 38
弛緩係留（Relaxed Mooring）…109
時刻歴応答解析（Time History Response Analysis）
　　　　　　　　　　　　…96
色彩（Color）…39
地震（Earthquake）…21
地震荷重（Earthquake Load）…81
システム安全限界状態（System Safety Limit state）
　　　　　　　　　　　　…50, 73, 75
システム安全性（System-level Safety）
　　　　　　　　　　　　…3, 31, 50, 74
システム選定（System Selection）
　　　　　　　　　　　　…2, 31, 34, 46, 52
自然環境条件（Natural Environment Condition）
　　　　　　　　　　　　…1, 34, 44, 76
自然災害（Natural Disaster）…20
室内環境（Indoor Environment）…3
室内気候（Indoor Climate）…39
質量係数（Mass Coefficient）…90, 94-95
地盤改良（Soil Improvement）…110, 124
地盤－構造物相互作用（Soil-Structure Interaction）
　　　　　　　　　　　　…93
地盤ばね（Soil Spring）…93
島（Island）…11, 38
社会条件（Social Condition）…34
社会的慣習（Social Usage）…2,
ジャケット式（Jacket-type）…48, 87, 92, 104
自由水（Free Water）…98
重要度（Importance）…2, 30,
重力式（Gravity-type）…48, 92, 106
浄化設備（Sewage Disposal Facility）…54
衝撃解析（Shock Analysis）…103
常時リスク（Ordinary Risk）…16, 52
使用性（Serviceability）…1, 31
使用限界状態（Serviceability Limit State）…50
冗長性（Redundancy）…16, 43, 113
衝突（Collision）…24
衝突荷重（Impact Load）…85
消防設備（Fire Protection Facility）…114
情報（Information）…25, 35, 37
情報通信設備（Telecommunication Facility）
　　　　　　　　　　　　…56, 115
照明（Lighting）…38

照明設備（Lighting Equipment）…56, 113
塵芥処理設備（Garbage Disposal Facility）…115
人為災害（Man-made Disaster）…24
進行性破壊解析（Progressive Failure Analysis）
　　　　　　　　　　　　…103
進水（Launching）…121, 126, 131
進水荷重（Launching Load）…122
進水時荷重（Launching-stage Load）…121
振動（Vibration）…39, 41
人命保護（Life Safety）…37
心理的影響（Psychological Effect）…12

【す】
水域占用（Water Area Occupation）…66-68
水中溶接（Underwater Welding）…123
水中モード（Wet Mode）…93
水密性（Watertightness）…88, 105
スペクトル応答解析（Spectral Response Analysis）
　　　　　　　　　　　　…96, 101
すべり抵抗（Skid Resistance）…109

【せ】
静水圧（Hydrostatic Pressure）…8, 76, 89, 94
静水力学的荷重（Hydrostatic Load）…76
脆性破壊（Brittle Failure）…84, 102
生態系（Ecological System）…11, 58
静的安定条件（Static Stability Condition）…97,
静的解析（Static Analysis）…89
静的係留力（Static Mooring Force）…77
性能設計（Performance-based Design）…1
生物付着（Biofouling）…11, 50
生理的影響（Physiological Effect）…12
積載荷重（Live Load）…76, 89, 94
積雪（Snow Cover）…20, 23, 34, 84
セキュリティ計画（Security Planning）…43
施工性（Workability）…50, 86
設計用荷重（Design Load）…73, 76
設計条件（Design Condition）…36,
設計パラメーター（Design Parameter）…2, 30, 74
設置（Installation）…122
設置時荷重（Installation-stage Load）…122
設置地盤（Setting Ground）…108
設備システム（Facility System）…2, 35, 52, 54
設備計画（Facility Planning）…31, 52
設備設計（Facility Design）…3, 110

設備モニタリング（Facility Monitoring）…58
洗掘（Scouring）…110
線形ポテンシャル理論（Linear Potential Flow Theory）…90, 94
船舶工学（Marine Engineering）…1
船舶設備（Ship Facility）…3

【そ】
早期回復（Early Recovery）…43
相互補完（Complementarity）…2
層状構造（Layer Structure）…5
想定外事象（Unexpected Event）…42
想定内事象（Expected Event）…41
造波減衰（Hydro-radiation Damping）…9, 92, 94
増分解析（Pushover Analysis）…89
塑性解析（Plastic Analysis）…89
損傷状態（Damaged Condition）…99

【た】
耐久性（Durability）…3
耐久設計（Durability Design）…74
DPS（Dynamic Positioning System）…108
太陽熱温水器（Solar Water Heater）…55
太陽光発電（Solar Power Generation）…27, 55, 112
高潮（Storm Surge）…21, 34
多重防護（Multiple Protection）…37, 43
タラソテラピー（Thalassotherapy）…12, 30
弾性変形モード（Elastic Deformation Mode）…93
暖流（Warm Current）…11

【ち】
地下逸散減衰（Soil Dissipation Damping）…93
地球環境（Global Environment）…4,
蓄電設備（Electric Storage Facility）…112
地質（Geological Feature）…11, 29
地象（Terrestrial Phenomenon）…10,
地耐力（Bearing Capacity）…109
着底式（Grounding-type）…1, 34, 48, 50, 65, 90, 97, 104, 106, 122, 125, 127, 128
着氷（Ice Coating）…20, 23
地理特性（Geographic Property）…2, 27
潮位差（Tide Level Difference）…19
潮汐（Tide）…9, 29, 56
潮流（Tidal Current）…19, 83, 90
潮流発電（Tidal Power Generation）…27

【つ】
墜落（Crash）…24, 85, 103
津波（Tsunami）…10, 22
津波荷重（Tsunami Load）…82
吊り荷重（Lifting Load）…121, 122

【て】
鉄筋コンクリート（Reinforced Concrete）…105
電気設備（Electrical Facility）…56, 112
電気的接地（Grounding）…114
テンションレグ係留（Tension Leg Mooring）…49
テンションレグ式（Tension Leg-type）…48
天文学的作用（Astronomical Action）…9, 29

【と】
動水圧（Hydrodynamic Pressure）…9, 89, 92
動的安定条件（Dynamic Stability Condition）…98,
動的解析（Dynamic Analysis）…89
動的相互作用（Dynamic Interaction）…81, 92, 93
動揺（Motion）…13, 17, 39, 89, 121-122
都市機能補完（Urban Function Support）…1, 30
土木工学（Civil Engineering）…1,
トラス材（Truss Member）…104
ドルフィン係留（Dolphin Mooring）…49, 68, 108

【な】
内部要因（Interior Factor）…41
流れ荷重（Flow Load）…83

【に】
におい（Smell）…12, 29
日射（Solar Radiation）…18, 38
日照（Sunshine）…, 38

【ね】
ネットワーク（Network）…38
粘性減衰（Viscous Damping）…93-95
粘性抗力（Viscous Drag）…94

【の】
濃霧（Dense Fog）…24

【は】
廃棄物（Garbage）…4,

廃棄物処理設備
　（Garbage Disposal Facility）…57，115
排水設備（Drainage Appliance）…115
配電設備（Power Distribution Facility）…113
爆発（Explosion）…24
爆発荷重（Blast Load）…85
バックアップシステム（Backup System）…56
発生頻度（Occurrence Rate）…2，73
発電設備（Power Facility）…54，112
バラスト荷重（Ballast Load）…122
波力発電（Wave Power Generation）…27
波浪（Wave）…20，77
波浪荷重（Wave Load）…77-79，89
反射（Reflection）…12
半潜水式（Semi-submersible-type）…48，98
搬送設備（Delivery Facility）…115
半島（Peninsula）…11

【ひ】

引抜抵抗（Pull-out Resistance）…109
非常時リスク（Extraordinary Risk）…20，52
非損傷状態（Undamaged Condition）…99
評価指標（Performance Index）…74
日除け（Sunshade）…18
飛来塩分（Flying Sault）…87-88
避雷設備（Lighting Protection Facility）…114
疲労解析（Fatigue Analysis）…100
疲労抵抗（Fatigue Resistance）…101
疲労破壊（Fatigue Failure）…102，104

【ふ】

風力発電（Wind Power Generation）…30，55，112
付加質量（Added Mass）…9，92
付加質量係数（Added Mass Coefficient）…90，94
復原性（Stability）…97
復原モーメント（Righting Moment）…98-99
復元力（Restoring Force）…6
復原力係数（Stability Coefficient）…93-95
部材安全限界状態（Component Safety Limit State）
　　　　　　　　　　　　　　…50，73，75
部材安全性（Component-level Safety）
　　　　　　　　　　　　　…3，31，50，74
部材設計（Component Design）…103-105
腐食（Corrosion）…9，50，55
浮体式（Floating-type–）…1，34，48，51，66，93，
97，105，107，122，130，132
物理特性（Physical Property）…5，27
浮力（Buoyancy）…8，28，94，97
プレート境界地震（Inter-plate Earthquake）…21
プレキャスト（Precast）…105，131
プレストレス（Prestress）…104，105

【へ】

ベネフィット（Benefit）…2，31，45
変動作用（Variable Action）…46，76，77
変動性（Variability）…8，27

【ほ】

防火設備（Fire Protection Facility）…114
防災計画（Disaster Prevention Planning）…41
防災設備（Anti-disaster Facility）…114
法制度（Legislative System）…59-69
放射性物質（Radioactive Substance）…20
放射線量（Radiological Dosage）…20
防犯設備（Security Installations）…114
暴風（Storm）…21
ポンツーン式（Pontoon-type）…48，98

【む】

無線通信（Wireless Communication）…9，115

【め】

メガストラクチャー（Mega-structure）…104
メガフロート（Mega-Float）…14，66，105，125
メカニカル接合（Mechanical Joint）…105
メタセンター（Metacenter）…97
メモリー影響（Memory Effect）…95

【も】

木質系構造（Wooden Structure）…1
目標性能（Target Performance）…2，30，50，73
モジュール（Module）…28，45，105
モード法（Modal Method）…93
モニタリング（Monitoring）…4，57，124
モリソン式（Morison Equation）…89-91，95

【ゆ】

雪荷重（Snow Load）…84

【よ】

陽解法（Explicit Method）…96
要求性能（Required Performance）…2, 30, 50
洋上接合（Marine Joining）…123
用途（Use）…2, 27, 30

【ら】

ライフサイクル（Life Cycle）…4,
ライフラインシステム（Lifeline System）…37
落雷（Thunderbolt）…24, 114

【り】

陸域（Land Area）…1, 76
陸上建築物（On-land Building）…3
リサイクル（Recycle）…28, 57, 125
離散化法（Discretization Method）…93
リスク（Risk）…2, 31, 45
流体力学（Fluid Mechanics）…5, 27

流体力（Fluid Force）…90-91,
海水－構造物相互作用（Water-structure Interaction）…92
流動性（Liquidity）…8, 27
流氷（Drift Ice）…23, 84
流力弾性解析（Hydroelastic Analysis）…91
利用者制限（User Restriction）…37

【れ】

冷暖房設備（Heating and Cooling Installation）…111
レジリエンス（Resilience）…43

【ろ】

漏洩（Leakage）…25
ロバスト性（Robustness）…41

表紙デザイン　　西田建一（西田商会）

海洋建築の計画・設計指針

2015年2月10日　第1版第1刷
2019年8月1日　　　第2刷

編集著作人　一般社団法人　日本建築学会
印　刷　所　三美印刷株式会社
発　行　所　一般社団法人　日本建築学会
　　　　　　108-8414 東京都港区芝5-26-20
　　　　　　電話・(03) 3456-2051
　　　　　　FAX・(03) 3456-2058
　　　　　　http://www.aij.or.jp/
発　売　所　丸善出版株式会社
　　　　　　101-0051 東京都千代田区神田神保町2-17
　　　　　　神田神保町ビル
　　　　　　電話・(03) 3512-3256

© 日本建築学会 2015

ISBN978-4-8189-2480-2 C 3052